Kein Verkehrsmittel ist auf der ganzen Welt so weit verbreitet. Keines ist so zahlreich vorhanden. Keines hat eine solche rasante Entwicklung durchgemacht: Von der Laufmaschine über das Hoch- und Niederrad, vom Tret- zum Rennrad und Elektrobike hat sich das Fahrrad gegen alle Konkurrenten durchgesetzt und ist das weitverbreitetste Verkehrsmittel. Etwa 12–14 Milliarden Fahrräder wurden seit seiner Erfindung gebaut und 72 Millionen werden allein in Deutschland bewegt. Das Fahrrad ist für jedermann erschwinglich, wie gerade seine Verbreitung in Indien oder China heute oder in Europa und Nordamerika im 19. Jahrhundert belegt. Auch die gesellschaftliche, ja kulturelle Veränderung, die das Fahrrad ermöglichte, ist beeindruckend. Die anstehende E-Bike-Revolution lässt heute schon erahnen: Bald werden Jung und Alt mobil wie noch nie sein, und der individuelle Verkehr in den Städten wird sich von Grund auf verändern – dank des Fahrrads, das seit seiner Erfindung keinen Tag gealtert ist.

Hans-Erhard Lessing, geboren am 26. Februar 1938 in Schwäbisch Gmünd, ist Physiker, Technikhistoriker und einer der weltweit führenden Fahrradspezialisten. Er machte unter anderem auf den Zusammenhang zwischen der Zweiraderfindung und der Klimakatastrophe von 1816/17 aufmerksam. Zahlreiche Publikationen, darunter die Technikgeschichte »Evolution des Fahrrads« zusammen mit Tony Hadland, belegen seine Vielseitigkeit.

DAS FAHRRAD

Eine Kulturgeschichte

Hans-Erhard Lessing

Klett-Cotta

Die vorliegende Ausgabe enthält eine neue Auswahl an historischen Bildern. Autor und Verlag danken Herrn Lorne Shields und seiner Cycling Photographica Collection zu Toronto, Kanada, für die großzügige Bereitstellung der raren Photos zeitgenössischer Fahrer nebst Maschinen des 19. Jahrhunderts.

Klett-Cotta
www.klett-cotta.de

Printed in Germany
Cover: Rothfos & Gabler, Hamburg
unter Verwendung einer Grafik von
Roma Nekrashevich/gallery/Shutterstock
Gesetzt von Dörlemann Satz, Lemförde
Gedruckt und gebunden von CPI – Clausen & Bosse, Leck
ISBN 978-3-608-91342-2

Sechste, neu bebilderte Auflage, 2022

Bibliografische Information der Deutschen Nationalbibliothek:
Die Deutsche Nationalbibliothek verzeichnet diese Publikation in der Deutschen Nationalbibliografie; detaillierte bibliografische Daten sind im Internet über http://dnb.d-nb.de abrufbar.

Inhalt

Wenige Artikel, die der Mensch je benutzte, haben eine derartige Revolution in der Gesellschaft hervorgerufen wie das Fahrrad.

USA-Volkszählungsbericht 1900

Vorwort

Zweihundert Jahre ist nun das Fahrrad in der Welt, und doch erscheint uns heute seine Geschichte seltsam entrückt. Das war nicht immer so. In den 1890er Jahren, als das Auto noch ein Fahrrad war, gab es ein historisches Interesse, nicht zuletzt um den lokalen Straßenkorso der Radvereine mit historischen Fahrrädern spektakulär zu gestalten. Die westlichen Nationen standen damals im Wirtschaftskrieg miteinander und versuchten, mit zweifelhaften Legenden die historische Priorität in der Fahrradtechnik, der damaligen High-Tech, für sich zu beanspruchen.

Doch dann kam mit dem Preisverfall der Prestigeverlust der Fahrräder, und die Avantgarde stieg auf Motorräder und Automobile um. Die Modellvielfalt fiel der rationellen Massenfertigung zum Opfer und schrumpfte auf ein entfeinertes Rennrad zusammen. Denn weil der Rennsport Vergleichbarkeit der sportlichen Leistung verlangte, hatten die Funktionäre das »Material«, wie sie das Fahrrad nannten, zum Einheitslook normiert. Abweichende Konstruktionen waren von den Rennen ausgeschlossen. Biographische Erinnerungen sind zwar voller dankbarer Erwähnungen des neue Freiheiten verheißenden Fahrrads in der Jugend, aber historische Markenclubs wie bei den Motorrädern und Automobilen sind daraus nicht entstanden. Also fängt die populäre Mobilitätsgeschichte nach wie vor erst mit der Motorisierung an.

Mit dem neuen Fahrradkult in Groß- und Universitätsstädten könnte sich das bald ändern. Designfahrräder gewinnen eine neue Individualität, und neue Geschäftszweige bieten das nach individuellem Geschmack gestaltete Wunschfahrrad an. Zudem ist seit der Ölkrise das historische Interesse am Fahrrad wiedererwacht. Fahrradveteranenclubs wie der Veteran-Cycle Club in Großbritannien, The Wheelmen in den USA und Historische Fahrräder e. V. in der Bundesrepublik haben sich mit eigenen Clubzeitschriften etabliert. Seit 1990 tagt zudem die International Cycling History Conference jedes Jahr in einem anderen Land.

Doch der aufzuholende Rückstand ist enorm. Während eine revidierte Technikgeschichte bereits Gestalt angenommen hat, mangelt es für eine umfassende Kulturgeschichte weltweit noch an Untersuchungen, welche die damaligen Fahrradzeitungen und anderen Zeitungen als Quellen auswerten. So ist aus den Vereinigten Staaten mehr zur Sozialgeschichte bekannt geworden als aus dem deutschen Sprachraum. Historische Zeitungen werden nach und nach digitalisiert; die Fahrradkultur könnte dann zum bevorzugten Thema vieler historischer Studien-, Magister- und Doktorarbeiten werden. Zum 200jährigen Jubiläum gibt dieses Buch einen pointierten Ein- und Überblick, wie viel bereits von der Geschichte des Fahrrads bekannt sein könnte und sollte. Das Fahrrad hätte es mehr als jedes andere Verkehrsmittel verdient.

Aber mit welch einer Begeisterung schilderte 1896 der italienische Anthropologe Paolo Mantegazza die »freedom machine«:

Der Radfahrsport ist der Triumph des menschlichen Gedankens über die Trägheit der Materie: Zwei Räder, welche kaum den Boden berühren, die wie auf Flügeln dich weit forttragen mit einer schwindelerregenden, trunken machenden Geschwindigkeit, ohne den grausamen Schweiß gepeitschter Zugthiere, ohne das verhaßte Geräusch rauchender Maschinen – ein Wunder von Gleichgewicht, von Leichtigkeit, von Einfachheit – ein Maximum von Kraft und ein Minimum von Reibung – ein Wunder von Schnelligkeit und Eleganz – der Mensch, der ein Engel werden will und nicht mehr die Erde berührt – Merkur, der aus seinem alten hellenischen Grabe erstanden ist und lebendig vor uns erscheint – das ist der moderne Radler.

Koblenz, im Januar 2017
Hans-Erhard Lessing

Von Eisläufern und Draisinenreitern

Schon früh banden sich die nordischen Völker geeignete Tierknochen als Schlittschuhe unter, zum Beispiel vom Schwein die Elle, was der geschmorten Schweinshaxe die treffende Bezeichnung »Eisbein« verlieh. Eine kleine Eiszeit sorgte in der neueren Geschichte Europas für lange Winter und ließ vor allem in den Niederlanden den Eislauf zum Volkssport werden, wie die stimmungsvollen Wintergemälde holländischer Meister bezeugen. Dort in den Niederlanden durfte sogar die weibliche Bevölkerung am schnellen Gleiten teilhaben, während dies den Frauen in Deutschland oder Frankreich der Schicklichkeit halber verwehrt blieb.

Aber wie betrieben die Holländer dieses schnelle Vergnügen? In den holländischen Zeitungen des 18. Jahrhunderts findet man darüber leider kaum etwas. Doch dafür bietet uns der *Gothaische Hofkalender* für 1788 einen besonderen Einblick in die Welt des niederländischen Eislaufs:

Noch in der Mitte dieses Jahrhunderts waren selbst die vornehmsten Damen sehr geschickte Schrittschuhläuferinnen. Das Eis war mit Personen von beiderlei Geschlecht bedeckt. Man sah oft eine Dame von erstem Range die unter Wasser gesetzten und mit einer dicken Eiskruste bedeckten Wiesen in der Mitte von zwei Bauern durchlaufen oder einen jungen Herrn von Stande einer Bäuerin den Arm geben. Es war eine gar vorzügliche Gunstbezeugung, wenn man einer Dame die Schrittschuhe anschnallen durfte, und sie belohnte diese Mühe auf der Stelle durch einen Kuß. Allein diese Familiarität hat aufgehört, und der holländische Adel hat angefangen, dieser alten Sitte untreu zu werden. Doch gibt es noch immer viele Damen, welche dieses Vergnügen lieben; auch alle Bäuerinnen und Bewohnerinnen des Landes fahren auf Schrittschuhen,

wie die Schlittschuhe damals noch hießen. Wenn die Gewässer winters zufrieren, schafft also die Natur topfebene Flächen, wie sie der damalige Straßenbau nicht liefern konnte. Eine physikalische Eigenheit des Wassers macht dies möglich: Eis ist spezifisch leichter als das flüssige Wasser und schwimmt daher immer obenauf.

Ganz anders verhielte sich etwa ein Naphthalin-Teich auf einem fernen Planeten. Das gefrorene Naphthalin sänke unter, und die Außerirdischen müssten sodann brusthoch eingetaucht in die Flüssigkeit Schlittschuh fahren – gegen Widerstand.

Das dichte Netz von Bewässerungsgräben und Kanälen

in den Niederlanden gestattete zudem einen nützlichen Geschäftsverkehr inzwischen auf stählernen Kufen:

Man sieht in Holland und in andern kalten Ländern unter anderem sogar eine große Anzahl von Milchweibern, die mit Milch gefüllten Gefäße auf dem Kopfe und Schlittschuhe an den Füßen, mit großer Schnelligkeit und Leichtigkeit – sie stricken gewöhnlich auf dem Wege – in die benachbarten Städte eilen, um ihre Waare zu Markte zu bringen. Nach vollendetem Geschäfte kehren sie auf dieselbe Weise in ihre Heimath zurück, nicht selten in Entfernungen von mehreren Meilen.

Dieser Beleg für weibliches Multitasking zeigt, dass die Niederlande bereits vergleichsweise früh über einen mechanisierten Individualverkehr ohne Pferd verfügten.

Ende des 18. Jahrhunderts erreichte diese neue Eis-Euphorie Deutschland. Briefe hatten die unerhörte Neuheit schnell zum Thema – so schrieb der Revolutionär Carl Friedrich Cramer aus Kiel:

Man zeigt sich die Stelle, wo neulich – ach! – ein Unvorsichtiger ertrank, man läuft, wetteifert, spricht von allem, was zum Eise gehört. Klopstock erzählt von seinen Reisen, wie's in der Schweiz damit ist? Wie in Holland? Da laufen die Weiber mit!

Friedrich Gottlieb Klopstock war der deutsche Dichter des Eislaufs schlechthin, aber auch der junge Goethe war ein Anhänger und berichtet in seinen Lebenserinnerungen über einen etymologischen Streit mit Klopstock:

Wir sprachen nämlich auf gut oberdeutsch von Schlittschuhen, welches er durchaus nicht wollte gelten lassen: denn das Wort komme keineswegs von Schlitten, als wenn man auf kleinen Kufen dahinführe, sondern von Schreiten, indem man, den homerischen Göttern gleich, auf diesen geflügelten Sohlen über das zum Boden gewordene Meer hinschreite.

Turnvater Jahn und GutsMuths, die Pioniere der Leibesübungen, befürworteten den Eislauf trotz der Gefahr einzubrechen aufs Wärmste. Aber die jungen Frauen in Deutschland und Frankreich wagten es nicht, selbst Schlittschuh zu fahren – wie gesagt wohl aus Gründen der Schicklichkeit. Man könnte ja aus Versehen bei einem Sturz trotz der langen Röcke die Fesseln, also die Fußknöchel, entblößen … Für sie wurden eigens Stuhlschlitten gebaut, auf denen sie sitzend von dem Galan ihrer Wahl auf dem Eis herumgeschoben werden konnten. Hierzu ein Bericht aus Paris:

Jetzt kommt ein Schrittschuhläufer in großem Costüm mit einem eleganten Stuhlschlitten von Mahagony und vergoldeter Bronze-Arbeit, mit sammetnem Kissen und goldenen Fransen daran. Er ladet die Damen zum Einsteigen ein. Man acceptirt, es geht wie ein Pfeil davon, doch keine hundert Schritte sind gemacht, und ein anderer Schlitten carambolirt fürchterlich mit dem unseres Elegants, beide Damen fallen auf die Nase, die umgestürzten Schlitten sind zerbrochen, einige Schrittschuhläufer fallen ebenfalls darüber hinaus; in einem Nu ist eine gaffende Masse versammelt, die jeden Augenblick größer wird, und ganz verschämt lassen sich die zierlichen Pariser Damen, nicht ohne Mühe, durch das Gedränge bringen, en jurant que c'était pour la dernière fois, qu'elles se sont laissées trainer [schwörend, dies sei das letzte Mal gewesen, dass sie sich schieben ließen], und eine Viertelstunde darauf segeln sie abermals vorbei, denn man hat ihnen versprochen, sie gewiss nicht mehr umzuwerfen, aber in der andern viertel Stunde liegen sie wieder auf dem Eise, mais ça ne fait rien, on s'accoutume à tout [aber das macht nichts, man gewöhnt sich an alles].

Die plane, glatte Eisfläche ermöglichte zudem ein weiteres Vergnügen, eine Art Schlittenkarussell. Ein Pfosten wurde senkrecht ins Eis getrieben und ein Drehkreuz darauf gelagert, von dessen vier Enden lange Seile zu je einem der üblichen Rodelschlitten verliefen. Für einen Groschen drehten Arbeiter das Drehkreuz, bis die Schlitten mit den darauf Sitzenden rasant im Kreis herumgewirbelt wurden. Das Ganze wurde dann als »Radfahren« bezeichnet. Dieses Wort, das deutsche Sprachschützer 1885 für das britische »cycling« einführten, existierte also schon fast hundert Jahre zuvor, allerdings mit einer völlig anderen Bedeutung. Auf der Suche nach dem Missing Link stößt man auf die Veloziped-Karusselle der 1870er Jahre, die wohl unterschwellig die neue Namensfindung ermöglichten.

Natürlich wollte man den fashionablen Zeitvertreib des Schlittschuhfahrens auch auf der Theaterbühne simulieren, die damals noch die Funktion der Wochenschau im Kino und der heutigen Tagessschau wahrnahm. Das war die Geburtsstunde der Rollschuhe, indem man nämlich an den Schlittschuhen ganz einfach Rollen anbrachte. Dies funktionierte auf dem glatten Bretterboden der Bühne wunderbar, nicht so aber draußen im Freien. Zumindest damals noch nicht. Dass aus dem 18. Jahrhundert nur vier Quellen dafür bekannt sind, zeigt, wie neu das alles noch war: Im Londoner Drury-Lane-Theater soll es 1743 ein solches Theaterstück mit simuliertem Schlittschuhfahren gegeben haben. Der Londoner Mechanikus John Joseph Merlin soll Rollschuhe gebaut und in seinem Kuriositätenmuseum ausgestellt haben. Und laut dem *Gothaischen Hofkalender* von 1790 soll der Bildhauer und Medaillenschneider Maximiliaan Lodewijk van Lede bei einer Vorführung in London auf seinen Rollschuhen ungebremst in einen teuren Wandspiegel gekracht sein. Die einzige bildliche Darstellung ist auf dem Ankündigungszettel eines Soldaten der Schweizergarde erhalten, der 1791 auf seinen Rollschuhen heroisch von Den Haag nach Scheveningen fahren wollte. Sie waren gebaut wie moderne Inline-Skates, nur mit zwei Rollen und noch ohne Stopper, doch die Verwandtschaft ist augenscheinlich. Über einen Erfolg des soldatischen Manövers ist nichts bekannt, und Eingang in die Technologieliteratur der Zeit fand sein Fortbewegungsmittel offenbar auch nicht.

Das Leben im Zeichen des Pferdes

Über Jahrhunderte waren Zufußgehen oder Reiten die Mittel der Wahl, um sich zu Lande fortzubewegen. Wollte man irgendwohin fahren, bedeutete auch das den Einsatz von Pferden, die das jeweilige Fahrzeug zogen, auf dem man saß und für das es tunlichst einen Weg oder eine Straße geben sollte. Das Wort Fahrzeug stammt vom holländischen »vaartuig« ab, was dort »Schiff« bedeutet. Das *Deutsche Wörterbuch* der Gebrüder Grimm beschreibt im Band *E-Forsche* von 1862 den Begriff »fahren« in seiner charakteristischen Kleinschreibung schön prägnant:

> *der mensch geht zu fusze, fährt wagen, karre, nachen, schiffe, auf dem schlitten etc., auf der eisenbahn. die mechanische vorrichtung fördert ihn schneller.*

Die Eisenbahn gab es da ja bereits. Doch vermutlich schon in der Jungsteinzeit entwickelte sich jene Renommiersucht, sich untätig auf dem Pferd oder Wagen sitzend über die bedauerlichen Mitmenschen zu erheben, die sichtbar für ihre Fortbewegung arbeiten müssen, – und selbst derart untätig vor ihnen zu paradieren. Bis zum 20. Jahrhundert war Pferdezucht und alles, was damit in Verbindung stand, ein wichtiger Faktor und Wirtschaftszweig. Auch abseits der Landwirtschaft kümmerten sich ganze Berufsgruppen um die Pferde: Kutscher, Fuhrleute, Postillons, Kürassiere, Husaren, Pferdehändler, Sattler, Reitlehrer, Reitknechte, Stallmeister, Hufschmiede, Tierärzte, Pferdemetzger und Abdecker. Dazu kam der Wagenbau mit bald schon jährlichen Modellwechseln: Stellmacher, Schmiede, Gürtler, Sattler, Stuhlbauer, Posamentierer und Vergolder.

Für Städter war die Pferdehaltung eine ziemlich kostspielige Angelegenheit. Der Mathematikdozent Thomas Stephens Davies der Royal Military Academy rechnete in den 1840ern einmal die Kosten vor:

> *Ein Reitpferd kostet vielleicht 40 Pfund Sterling und anschließend günstigenfalls 30 oder 40 Pfund im Jahr für die Haltung, sodann mit den Ausgaben für einen Stall und für einen Mann, der nach ihm schaut, oft mehr als das Doppelte dieser Summe. Wenn es dreißig Jahre lebt, belaufen sich diese Ausgaben zusammen mit den Anschaffungskosten auf mehr als 1700 Pfund: So viel kostet ein Pferd von Anfang bis Ende.*

Dafür konnte man damals in London ein ganzes Haus kaufen. Fürstbeamte erhielten für ihr Dienstpferd Futter und Streu bei den fürstlichen Domänen in Naturalien. Ein Forstinspektor in Baden bekam beispielsweise jährlich 15 Malter Hafer, 36 Zentner Heu und hundert Bund Stroh sowie 75 Gulden obendrauf. Als fester Bestandteil des Gehalts wurde dies bei der Pensionierung in Geld umgerechnet. Handwerker und andere Geringverdiener konnten sich dagegen kein Pferd leisten und wichen auf Rinder, Esel, Ziegen oder Hunde als Zugtiere ihrer Wägelchen aus. Oder man nutzte die Dienste eines Lohnkutschers oder Fiakers, der dem heutigen Taxi entsprach.

Die Versorgung der Pferde beim Militär war schon immer ein logistisches Problem. Im Freundesland kaufte man unterwegs das Futter den Bauern ab oder requirierte es im Feindesland gleich ganz ohne Bezahlung. Dies konnte jedoch auch zum Nachteil gereichen. Beim verlustreichen Rückzug Napoleons im Russlandfeldzug 1812/13 plante die russische Strategie ein Pferdesterben ein, indem sie die Franzosen auf ungefähr denselben Rückweg wie beim Einmarsch zwang. Denn dort waren die Futtervorräte der Bauern bereits restlos geplündert.

Nischen der Muskelkraft

Dass wie im Abendland große Flächen dem Haferanbau und der Heugewinnung für Pferde dienten und damit der menschlichen Ernährung entzogen waren, wäre im volkreichen China nicht vorstellbar gewesen. Dort musste ohne Pferde Krieg geführt werden, und deshalb wurde die Muskelkraft der Soldaten genutzt. Seit dem 3. Jahrhundert schob jeder Soldat einen »Mu Niu« (»hölzerner Ochse«) vor sich her, einen einrädrigen Schubkarren, erfunden von Chuko Liang: »In der Zeit, in der ein Mann sechs Fuß geht,

geht der hölzerne Ochs zwanzig. Er trägt den Proviant (eines Mannes) für ein ganzes Jahr.« Anders als die abendländische Variante besaß dieser Schubkarren das Rad in der Mitte unter der Last und belastete so die Arme des Schiebenden nicht mit der Hälfte der Ladung. Im Abendland wurde der Schubkarren erst im 12. Jahrhundert bekannt und galt als willkommene Verbesserung der Lade (ähnlich einer Tragbahre), die auf Baustellen von je einem Mann vorn und hinten getragen wurde. Zwar ersetzte das Rad nun den Vordermann, aber der Hintermann musste immer noch die halbe Last tragen. Nach wie vor keine leichte Übung. Dagegen wurde der chinesische Soldat kaum belastet und musste lediglich die Balance durch ein wenig Muskelkraft sicherstellen. Erst Ende des 18. Jahrhunderts tauchten Schubkarren mit Mittelrad auch in der englischen Landwirtschaft auf. Immerhin gab es somit schon ein gewisses Einspurfahrzeug, wenn auch nicht, um selbst allein darauf sitzend zu fahren. In China entstand aus dem Schubkarren des Militärs gar ein weitverbreitetes Transportmittel für Passagiere, Schweine und Güter, das bis ins 20. Jahrhundert hinein seine Bedeutung nicht verlor. Diese Karren waren oft sogar zusätzlich mit einem Segel ausgestattet. China besaß also schon lange vor den niederländischen Schlittschuhläufern eine mechanisierte Lösung für den Transport. Ganz ohne Pferd.

Im Abendland gab es seit dem Mittelalter Versuche, einen Muskelkraftwagen zu bauen, wenn auch nur als Einzelstücke, etwa zur Glorifizierung der Herrscher bei Paraden. Ein Problem war das Antreiben über die Räder, die bislang an den Fuhrwerken nur passiv mitgedreht wurden. Für reibungsarme Antriebe wäre nahezu feinmechanische Präzision erforderlich gewesen, welche die Schmiede nicht leisten konnten. Nicht zu Unrecht hießen sie damals ja Grobschmiede. Bei den Prunkwagen im Triumphzug Kaiser Maximilians 1508, dargestellt auf den Holzschnitten Hans Burgkmairs, nahm man die ineffiziente Tretarbeit dennoch in Kauf, um bei den Zuschauern eine gehörige Verblüffung auszulösen, da vor diesen Wagen wider Erwarten keine Pferde zuckelten. Für den Alltagsgebrauch waren sie jedoch nicht gedacht.

Tatsächlich gab es aber doch zwei kleine Nischen, in denen die Muskelkraft sich Bahn brach. Das waren einmal spezielle Invalidenrollstühle, die etwa mit Handkurbelantrieb funktionierten, weil die Beine unbeweglich waren – wie beim Dreirad des gelähmten Uhrmachers Stephan Farffler aus Altdorf. Den heute üblichen Rollstuhl mit Handläufen an den Speichenrädern hatte schon 1725 ein Kursachse namens Andreas Gärthner erfunden. Die zweite Nische waren die Gartenphaetons mit »Lakaienantrieb«, dank derer auf herrschaftlichen Gartenwegen die Verschmutzung durch Pferdeexkremente vermieden werden konnte. Solche Gartenphaetons waren vor allem in englischen Adelshäusern beliebt, und ein schönes Exemplar hat der Architekt des pfälzischen Kurfürsten Carl Theodor 1775 in London für dessen Schwetzinger Schlossgarten erworben. Dort stand es kaum benutzt bis 1803, als die Pfalz an Baden fiel und das bewegliche Inventar der

Sommerresidenz nach München verfrachtet wurde, denn Carl Theodor war schon zuvor zum Oberhaupt der Bayern geworden. Der Gartenphaeton steht heute noch im Deutschen Museum zu München, ein geflochtener Stuhl für den Fahrzeuglenker, hinter dem ein Lakai stehend in zwei Hebel trat. Diese wickelten abwechselnd Lederriemen von Scheibenrädern ab, die über Freiläufe mit der Hinterradwelle verbunden waren. Klingt kompliziert, hat aber doch funktioniert. Und inspiriert. Denn eines sei jetzt schon verraten: Einst wird ein Student namens Karl Drais seinen Onkel im Forstamt Schwetzingen beim Schloss besuchen und dort den Gartenphaeton sehen, vielleicht sogar ausprobieren können. Dies war offenbar ein Schlüsselerlebnis, das den erfinderischen Studenten und späteren Forstinspektor dann als Forstlehrer beim privaten Forstlehrinstitut des Onkels auf den Landverkehr aufmerksam machte. Nicht auszudenken, wenn es dazu nicht gekommen wäre. Vielleicht würden wir noch heute den Bahnhof auf oder hinter einem Pferd verlassen – womöglich elektronisch gesteuert, aber eben mithilfe eines Pferdes. Die gängige Floskel, das Auto wäre sowieso irgendwann erfunden worden, ist leicht zu widerlegen. Nehmen wir nur einmal an, die Religion der Amischen-Sekte von Pennsylvania und Ontario wäre zur Staatsreligion des Abendlands gediehen, dann hätten wir mit Sicherheit keine Autos. Der junge Amische erhält mit 16 Jahren ein Pferd nebst überdachtem Buggy, um auf Brautschau in die Nachbardörfer zu fahren. Zeitlebens wird er sich von diesem Gespann nicht mehr trennen. Rollschuhe sind den Kindern der

Amischen übrigens neuerdings erlaubt, aber noch nicht überall Fahrräder, die ihnen viel zu technisch sind.

Doch noch einmal zurück ins 18. Jahrhundert, nach Japan. Dort bewässerte man durch Treten von Wasserrädern oder Archimedischen Schrauben die Reisfelder und hatte es dabei zu hoher Perfektion gebracht. Der Gelehrte Kuheiji-Tokimitu Hisaishi beschrieb in einem erhaltenen Manuskript das »Riku-Hon-Sesya«, zu Deutsch: das »impulsive Landboot«. Die Zeichnungen zeigen ein bootförmiges Holzfahrzeug auf drei Rädern, dessen Hinterräder mit einer Art Kurbelwelle verbundenen waren, in die der Fahrer stehend trat, wobei er das Vorderrad mittels Lenker und Seilzug lenkte. Zwei Erfinder, Monya Shoda und Takeda, sollen ab 1729 ähnlich aufgebaute Vierräder hergestellt haben, und die Einheimischen sollen Ersteren als »Langstrecken-Mann« bezeichnet haben. Hisaishi schreibt jedoch, sein Dreirad sei besser. An einer Steigung angekommen, müsse man die Vierräder hinauftragen, während das Dreirad hinauffahren könne. Hisaishis Titelblatt ziert ein Gedicht, das die Möglichkeit preist, auf der Maschine mit tänzerischen Bewegungen überallhin zu gelangen und die Freuden solcher Freiheit zu genießen – das früheste Lob auf die »freedom machine«, wie das Fahrrad im englischen Sprachraum noch heute genannt wird. Freiheit war seit der Französischen Revolution auch der politische Traum der Untertanen. Die Pariserinnen und Pariser eroberten in ihrem Freiheitsdrang sogar die Ballhäuser des Adels, wo zuvor als »jeu de paume« eine Art Tennis mit schweren Bällen gespielt wurde. Deshalb bezeichnen wir ein festliches Tanzvergnügen bis heute als »Ball«. Und auch im Eislauf manifestierte sich ein solcher Eroberungsdrang für neue Räume und Vergnügungen.

Forstlehrer Drais und seine Fahrmaschine

Für Leser von Auto-Magazinen ist das Wort »Fahrmaschine« ein durchaus geläufiger Begriff, in der Regel gepaart mit der Bewunderung für einen viel zu schnellen, röhrenden Sportwagen. Und Italienreisende erinnern sich, dass das Auto dort seit jeher »la macchina« heißt. Allein ins Wörterbuch der Gebrüder Grimm hat das Wort keinen Eingang gefunden. Dabei ist es so alt wie die Völkerschlacht bei Leipzig von 1813.

Jedenfalls schrieb elf Tage danach ein gewisser badischer Forstlehrer namens Karl Drais seinem Großherzog Carl I., der mit 27 um ein Jahr jünger als Drais war, er hätte nun gern für seinen jüngsten Geistesblitz ein Privileg (Patente gab es in Baden noch nicht). Der Großherzog kenne die Fahrmaschine ohne Pferd ja bereits von der Vorführung durch den Erfinder. Damit war die Fahrmaschine aktenkundig, und das Wort hatte der Forstlehrer gar selbst geprägt. Übrigens hatte er zuvor die »Musikmaschine« (eine Art Klavier-Rekorder auf Papier), und etwas später die »Verwandlungsmaschine« zur Flächenberechnung durch Geometer entwickelt, viel später kam die erste »Schreibmaschine« mit Tastatur hinzu.

Den Antrieb seiner Fahrmaschine bildete noch keine

Dampfmaschine, sondern ein Mensch, der so zum *homo automobilis* wurde. Tatsächlich waren die beiden Versionen der Fahrmaschine nur erste Fingerübungen des Erfinders. Doch ihre Genese passt schon in das Innovationsmodell des Wirtschaftshistorikers Joseph Schumpeter, wonach Innovationen immer die Antwort auf einen Bedarf sind. Denn mit der schlechten Ernte 1812 begann eine Serie von Missernten, wodurch der den Pferdeverkehr bestimmende Haferpreis stieg, zumal die durchziehenden Armeen der Napoleonischen Kriege die Vorräte der Bauern erschöpft hatten. Ein pferdeloser Transport erschien Drais deshalb als überaus wünschenswerte Alternative. Er hatte zu Beginn seines Heidelberger Studiums mit an Sicherheit grenzender Wahrscheinlichkeit jenen Gartenphaeton im Schwetzinger Schlossgarten analysiert. Mit dem Ergebnis, dass dessen Mechanik viel zu kompliziert und kräftezehrend sei. Also reduzierte er die Mechanik auf ein Minimum, indem er eine Tretmühle direkt zwischen den Hinterrädern vorsah. Der menschliche Motor saß auf einem Schwebesattel, trat diese Mühle mit den Füßen und bewegte dadurch die Hinterräder. Ein weiterer Insasse durfte die Lenkung übernehmen – ganz wie im Gartenphaeton der Fürst. Weil aber der Tretende nur rückwärts blicken konnte, versah Drais die Fahrmaschine bald mit einer Kurbelwelle zwischen den Hinterrädern. Nun konnte auch der Tretende in Fahrtrichtung blicken und bescheidene sechs Kilometer pro Stunde erreichen. Leider gibt es kein Bild von diesem vierrädrigen Tretauto, wie man heute sagen würde, nur Drais' Beschreibung in einem Fachmagazin der Zeit. Zar Alexander, nach dem Sieg bei der Schwiegermutter Amalie in Karlsruhe zu Besuch, erhielt eine Vorführung und äußerte dazu beeindruckt: »Das ist ja genial.« Zudem schenkte er Drais einen Brillantring. Als weniger genial erwies sich der Ratschlag des Zaren, die Erfindung beim Wiener Kongress vorzuführen, wohin Drais 1814 nebst Fahrmaschine wohl auf der Donau und mit Vaters finanzieller Unterstützung reiste. Doch die um Europas Länder schachernden Fürsten hatten ihre sachkundigen Feldzeugmeister nicht dabei und zahlten ihre Benzin-, pardon Haferkosten aus der Portokasse. Der Haferpreis erschien ihnen daher nicht bedrohlich genug, um an Alternativen denken zu müssen. Dabei hatte Drais in seinem Flugblatt für Interessenten in Wien die Motive seiner Entwicklung mehr als deutlich gemacht: »In Kriegszeiten, wo die Pferde und ihr Futter oft selten werden, könnte ein solcher Wagen wichtig seyn.« Und jetzt gab es zwar keinen Krieg mehr, stattdessen aber Missernte auf Missernte.

Nachdem Drais bei den hohen Herren abgeblitzt war, wandte er sich frustriert anderen Erfindungen zu, die für Geometer und für Treidelschiffer nützlich waren. Doch wie kommt ein Freiherr Drais von Sauerbronn, so sein kompletter Name, überhaupt zum Erfinden? Bei dieser Überlegung sollte man nicht verkennen, dass die Draisens zum Beamtenadel ohne Grundbesitz gehörten, und dieser musste für den Lebensunterhalt eine Anstellung suchen. Wer nicht in die Dienste eines Fürsten gelangte, musste ein Leben als Hauslehrer, damals Hofmeister genannt, ins

Auge fassen – und wurde manchmal zum Literaten, nachdem er sich unsterblich in die Hausherrin verliebt hatte. Den Beruf bestimmte in Karl Drais' Fall der Pate und regierende Markgraf Karl Friedrich: Forstdienst.

Ein Bildungs- und Lebensziel der Aufklärung war gemäß dem Enzyklopädisten Diderot, »dass wir nicht sterben, ohne uns um das menschliche Geschlecht verdient gemacht zu haben«. Und dies fand im frankophilen Hause Drais wohl einen jungen Nacheiferer. Damals machten auch Kirchenmänner Erfindungen, um den armen Leuten etwas zum Produzieren an die Hand zu geben. Womöglich war der vielseitige Graf Rumford eines seiner Idole, denn Vater Drais ließ für die Bedürftigen Karlsruhes eine moderne Rumfordsche Suppenküche bauen. Rumford konnte jedoch seine Wissenschaft stets finanzieren, unter anderem zweimal durch die Heirat steinreicher Witwen, ein Weg, der dem jungen Drais offenbar verschlossen blieb, seit die ehehinderliche, weil vererbliche Epilepsie des Vaters bekannt geworden war. Ansonsten machten Handwerker ihre Erfindungen anonym und produzierten sie in der Werkstatt selbst. Nach allem, was man weiß, besaß Drais keine eigene Werkstatt, sondern ließ seine Prototypen stets bei anderen Handwerkern fertigen. Er war ein Weißer-Kragen-Erfinder. Doch davon konnte man in vorindustriellen Zeiten nicht leben.

Ein Vulkanausbruch und seine spektakulären Folgen

Im Jahr 1816 wurde die Situation wirklich dramatisch, der Historiker John D. Post spricht von der letzten großen Überlebenskrise der Menschheit: Dauerregen, in Amerika und Kanada sowie auf der Schwäbischen Alb sogar Schnee im Sommer verursachten einen kompletten Ernteausfall. Es folgte eine Hungersnot. All dies wurde – wie wir heute wissen – durch die kolossale Stauberuption des Vulkans Tambora östlich von Bali im Jahr 1815 ausgelöst. Flüsse, Bäche und der Bodensee traten über die Ufer. Getreide und Kartoffeln verschimmelten auf den Feldern. Die Ärmsten in Süddeutschland und der Schweiz aßen Lehm, kochten Blätter und schlachteten Katzen. Aus Futtermangel verendeten die Nutztiere oder wurden notgeschlachtet. Im Folgejahr 1817 wurde die Hungersnot noch dramatischer. Der Finanzbericht der französischen Abgeordnetenkammer an den König sprach von einem regelrechten Pferdesterben. Rahel von Varnhagen, die Frau des preußischen Gesandten am badischen Hof zu Karlsruhe, schrieb in einem Brief:

> *Hungersnoth vor der Thür: Theurung, die jeden geniert; solche Noth, dass man gar nichts anders hört, und es ein jeder hört; man es von einem jeden hört; im Oberland [Süden Badens], einige Meilen von hier, ißt man Brot aus Baumrinde, und gräbt todte Pferde aus; Man sieht a l l e n Gräueln entgegen.*

Der großherzoglich-badische Hoftierarzt in Karlsruhe berichtete retrospektiv von einem zumeist tödlichen Muskelfieber, das 1817 unter den unterernährten Pferden der Gegend grassierte, und nannte als amtliche Maßregel dagegen schlicht: Nicht mit verdorbenem Futter füttern. Eigenartigerweise wurde die Hungersnot in der Tagespresse und in Büchern nicht thematisiert; offenkundig verhinderte die Zensur jede Berichterstattung. Die französischen Brotunruhen mit Plünderungen von Bäckereien und Mühlen sollten nicht zur Nachahmung anstiften. Neben der menschlichen Verdrängungsbereitschaft dürfte also die staatliche Zensur dafür verantwortlich gewesen sein, dass diese Hungerkatastrophe so bald schon wieder vergessen war.

Ab Juli 1817 steht Forstlehrer Drais in allen Zeitungen des Abendlands. Mit einem minimalistischen Fuhrwerk auf zwei hintereinander montierten Rädern war er am 12. Juni auf der besten Straße aus der Stadt Mannheim hinausgefahren, hatte beim Relaishaus halbwegs vor Schwetzingen gewendet und bis nach Hause insgesamt vier Poststunden Wegs zurückgelegt. Dazu benötigte er eine knappe Stunde, während die Postkutsche dafür ganze vier brauchte, wie das altertümliche Streckenmaß besagt, welches umgerechnet acht englische Meilen oder 12,8 Kilometer bedeutet. Die erste Nachricht stand nicht im *Mannheimer Intelligenzblatt*, das dieses historische Ereignis offenbar gar nicht mitbekam, sondern im *Badwochenblatt der Stadt Baden-Baden*, wohin Drais von Gernsbach aus eine Bergfahrt unternommen hatte, mit einer Durchschnittsgeschwindigkeit von sechs Kilometern je Stunde statt der 14 bis 15 Stundenkilometer bei der ebenen Mannheimer Rundfahrt. Drais hat die Nachricht mit Sicherheit selbst in das Blatt gesetzt, zitierte frühere Erfolgsmeldungen zur vierrädrigen Fahrmaschine und nannte seine neue Erfindung »LODA«, wohl zusammengezogen aus französisch »locomotion« (»Fortbewegung«) und »dada« (»Steckenpferd«). Im Herbst taufte er sein Zweirad dann »Laufmaschine«, um es von der vorherigen vierrädrigen Fahrmaschine zu unterscheiden. Die Zeitungen nannten es bald »Draisine«, nachdem die französischen Blätter es als »la draisienne« beschrieben hatten.

Anders als bei seiner Fahrmaschine vier Jahre zuvor ist dieses Mal die Resonanz enorm. Drais schreibt einen Artikel für den *Allgemeinen Anzeiger der Deutschen*,

> *da ich seit meiner neuesten Erfindung einer möglichst einfachen Fahrmaschine ohne Pferd [des Zweirads] oder eines Wagens zu Fuß so viele Briefe mit weiteren Nachfragen, teils mit Besorgungsersuchungen, erhalten habe, daß mir neben der übernommenen Obsorge für die letzteren die Beantwortung aller Briefe für jetzt zur Unmöglichkeit wird.*

Ebendort hatte ein Anonymus aus Jena ein Inserat platziert:

> *Könnte man nicht baldigst durch diese Blätter erfahren, ob, wo und wie theuer man die kürzlich vom Forstmeister Freyhrn. Karl von Drais in Carlsruhe erfun-*

1 *Eine der glücklichsten Erfindungen der Menschheit gelang Karl Drais, geboren am 17. April 1789 in Karlsruhe: das Zweiradprinzip als Laufmaschine, gewissermaßen das Ur-Fahrrad.*

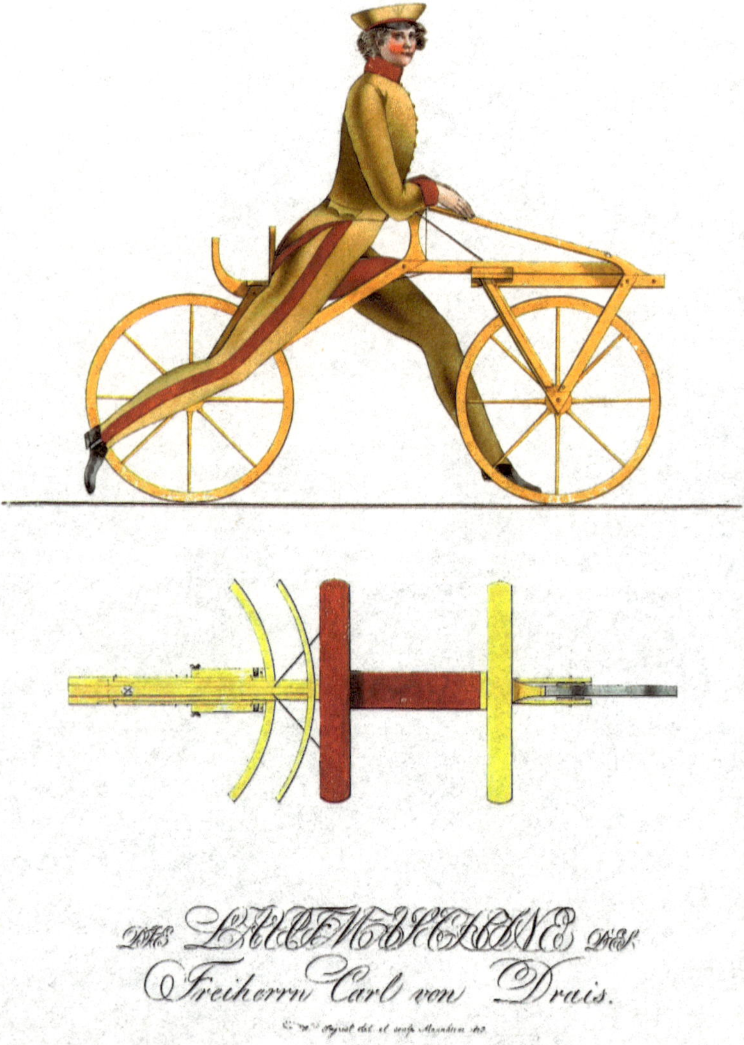

2 Auf dieser Seite: Mit den Füßen abzustoßen: Maß-Laufmaschine mit badischem Stabsmelder
Gegenüber, oben: Räumliche Umzeichnung dieser Litographie mit Optionen

1817

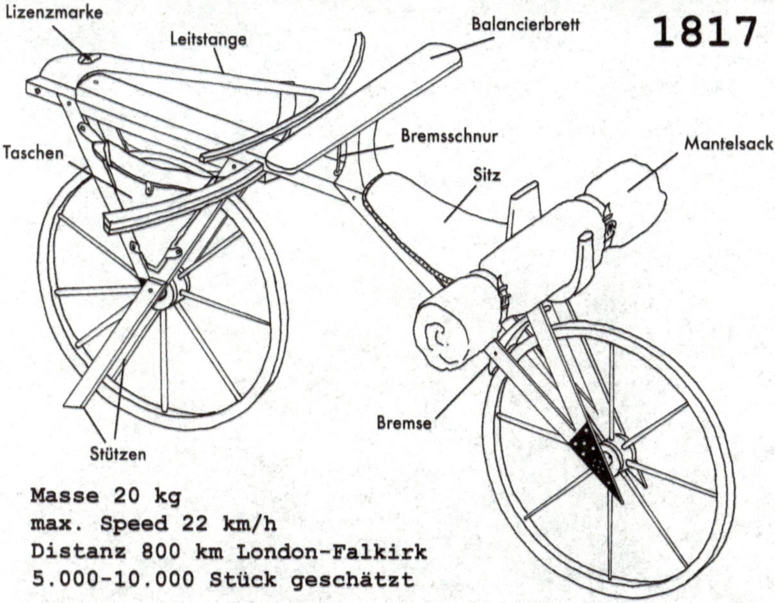

Masse 20 kg
max. Speed 22 km/h
Distanz 800 km London-Falkirk
5.000-10.000 Stück geschätzt

3 *Verstell-Laufmaschine, von Karl Drais für Erbprinz von Sachsen-Weimar besorgt*

4 Rechts Karl Drais im Mannheimer Schlossgarten 1819, links Künstler Joseph Karg

5 *Kurbelveloziped-Rennen bei Gray (Bourgogne), von Joseph Roux (1869)*

6 *Sängerin Blanche d'Antigny mit Kurbelveloziped, von Henri de l'Étang (1869)*

dene Fahrmaschine [das Zweirad] schon fertig erhalten oder wenigstens den Riß oder ein Modell dazu gegen Vergütung bekommen könne?

Eigentlich waren dies ideale Voraussetzungen, um eine kleine Manufaktur einzurichten, und Drais suchte auch einen unternehmerischen Manufakturisten. Aber die Zeiten erlaubten es nicht – es gab in den deutschen Fürstentümern noch keinen Patentschutz, nur Privilegien, etwas als Einziger verkaufen zu dürfen. Handwerker bauten denn auch sofort die Laufmaschine oder eigenwillige Mutationen davon allein aufgrund des Zeitungstextes nach. Drais hatte auch einen Kupferstich an Interessenten verschickt, die sich danach ihre Laufmaschine vom örtlichen Wagner bauen lassen konnten. Von einem Nürnberger Mechanikus namens Johann Bauer, der vor allem für seine praktischen Taschengloben bekannt war, erschien sogar eine Beschreibung der Laufmaschine mit dem abgepausten Stich als Abbildung – sozusagen das erste Fahrradbuch der Welt. Um der heute unvorstellbaren Balancierangst der Leute damals entgegen zu kommen, fügte Bauer eine standfeste dreirädrige Konstruktion mit umständlichem Handantrieb hinzu – eine Verschlimmbesserung, denn die viel kräftigeren Beine steckten jetzt untätig in baumelnden Steigbügeln.

Es gibt drei Erfahrungsberichte von Nutzern der Laufmaschine, von denen einer bekundet, dass er sich auch das Bauersche Dreirad bauen ließ, das er aber als unzulänglich befand. Als Drais schließlich dank Protektion durch Großherzogin Stephanie Napoleon ein fünfjähriges Privileg auf die Nutzung der Laufmaschinen erhielt, war an Einnahmen aus dem zugrundeliegenden Lizenzmarkensystem nicht mehr zu denken. Denn die Raubkopierer – allein fünf davon in Dresden – dachten nicht im Traum daran, Lizenzmarken zu bezahlen. Lediglich die adligen Erstkäufer, denen Drais noch selbst den Bau beim Mannheimer Wagner Frey besorgte, zahlten die Lizenzmarke mit dem Draisschen Wappen aus Silberblech, das auf den Lenker ihrer Laufmaschine genagelt wurde. Eigentlich sollte im Großherzogtum Baden jedem, der mit einer Laufmaschine ohne Lizenzmarke angetroffen wurde, diese beschlagnahmt werden. Ob dies tatsächlich so strikt gehandhabt wurde, ist jedoch nicht bekannt. Drais beantragte auch ein Privileg bei der Stadt Frankfurt, das aber abgelehnt wurde, um den örtlichen Raubkopierer, Mechanikus Emrich Wollenschläger, zu schützen, ebenso geschah es ihm in Bayern. In Preußen soll er ein (verschollenes) Patent erhalten haben, während Österreich dies zum Schutz der bereits nachbauenden Wiener Manufaktur Anton Burg & Sohn ausschlug. In Frankreich aber erhielt ein Louis Joseph Dineur ein Import-Brevet auf zehn Jahre – »pour … Drais«.

Die Laufmaschine

Der über hundert Jahre alte Eintrag im *Brockhaus-Lexikon*, die Laufmaschine sei der Vorläufer des Fahrrads gewesen, ist sicherlich irreführend. Ebenso abwegig ist, dass das »erste richtige« Fahrrad erst 1866 mit dem Einbau von Kurbeln am Vorderrad das Licht der Welt erblickte. Diese retrospektive Sicht auf die technische Evolution war naiv. Man muss sich vor Augen halten, dass beim Verfassen dieser Einschätzung noch das Kaiserreich herrschte und der verblichene Drais als aufrührerischer Demokrat und Staatsfeind galt, der natürlich keine offizielle Wertschätzung erfahren durfte.

Richtig ist vielmehr, in der Laufmaschine das Ur-Fahrrad zu sehen, dessen Konzept schon viele Eigenschaften des heutigen Fahrrads vorwegnahm:

- Die Idee des balancierbaren Zweiradprinzips schlechthin;
- gleich große Räder von 27 Zoll Durchmesser (wie heute wieder);
- Lenkstabilisierung durch Nachlauf des Vorderrads (wie bei den Rollen eines Einkaufwagens im Supermarkt);
- Achsen in Gleitlagern mit Messing-Büchsen, mit verschließbarer Bohrung zum Ölen;
- an- und abklappbare Stützen am Vorderrad zum Parken der Laufmaschine;
- ein nach vorn umklappbarer Lenker, um die Laufmaschine bergan hinter sich herzuziehen;
- optional: dreieckige Ledertaschen beidseits des Vorderrads zum Anknöpfen;
- optional: Gepäckträger hinter dem Sattel;
- optional: vom Lenker aus betätigbare Schleifbremse auf das Hinterrad (viel früher als bei Kutschen);

- optional: höhenverstellbarer Sattel und Lenker zur Anpassung an die Körpergröße des Fahrers.

Dass die Laufmaschine noch keinen Pedalantrieb hatte, sondern mit den Füßen »abgestoßen« wurde, hatte wie schon angedeutet den elementaren Grund, dass bis auf die wenigen Schlittschuhläufer damals niemand sich traute, die Füße auf Dauer vom sicheren Boden zu nehmen. In dem neuen System Mensch-Maschine-Straße war eben vor allem der Mensch der verbesserungswürdigste Faktor, dicht gefolgt vom Straßenzustand, weniger die Maschine selbst. Das Abstoßen vom Boden war also ein Zugeständnis an die Balancierangst der Leute, kein Mangel der Konstruktion.

Im November 1817 kam schließlich bei der Buchhandlung Schwan & Götz, die schon Schillers *Räuber* gedruckt hatte, Drais' dreiseitige Beschreibung der Laufmaschine mit zwei Kupferstichen heraus, nach denen ein Wagner die Laufmaschine bauen konnte. Diese enthielt auch eine Bedienungsanleitung, in der Drais das Balancieren jedoch noch falsch beschrieb: Man solle hierzu auf das gepolsterte Balancierbrett einwirken, auf dem die Unterarme ruhen und das den Vortrieb vom Fahrer auf die Maschine übertrug: »immer da hinunterdrück[en], wo das Brettchen anfangen will, in die Höhe zu steigen«.

Dies dürfte freilich gar nichts bewirkt haben, denn Balancierbrett und Sattel waren starr miteinander verbunden, und der Fahrer saß balancierend ohne Bodenkontakt darauf. Vergleichbar wäre etwa ein Segelboot, in dem man mit einem Fön auf die Segel blasen und so für Fahrt sorgen wollte. Drei Jahre später beschreibt Drais die Physik des Fahrrads dann korrekt:

> *Wann man nachher in dem Schuß ist und aus Versehen die Balance etwas verloren hat, kann man sich gewöhnlich mit den Füßen helfen oder durch das Leiten, wenn man ein bißchen gegen die Richtung [hin] leitet, auf welche der Schwerpunkt des Ganzen sich neigte.*

Dies entspricht genau dem heutigen Rezept fürs Balancieren, nämlich in das zu vermeidende Umkippen hinein zu steuern, abwechselnd links und rechts, wodurch das Fahrrad eine Schlangenlinie fährt. Auch die Einleitung einer Kurve, indem man den Lenker kurz in die Gegenrichtung dreht, hat Drais schon beobachtet (zumindest kann man es so interpretieren): »Wenn man eine Schwenkung machen will, richte man unmittelbar vorher den Schwerpunkt etwas auf die innere Seite und lenke gleich darauf hin.«

Den Körper etwas zur inneren Seite zu neigen dürfte ja bewirken, dass die Arme das Vorderrad kurz nach außen drücken.

Die Draisinenreiter

In der ersten Anzeige hatte Drais seine Laufmaschine als »die zu Staffetten [Botenritten] und zu großen Reisen so sehr gut zu gebrauchende Maschine« bezeichnet sowie im Zeitungsartikel realistisch charakterisiert:

> *Die Bequemlichkeit einer Chaise mit Pferden, in der man ja auch schlafen kann, hat meine Maschine nicht; denn rücksichtlich der Anstrengung ist das Fahren darauf mit dem Gehen zu Fuß oder mit dem Reiten zu vergleichen, und um auf gewöhnlichen Landstraßen vier Stunden Wegs [13 km] und im Gebirge zwei [sechs km] in einer Stunde zurück zu legen, gehört ein gewisser Grad von Fertigkeit und Kraft dazu. Auch ist bei tiefem Koth und Schnee dem Fußgänger nicht viele Kraft dadurch gespart.*

Dennoch wurde die Erfindung angesichts des bedrohlichen Futtermangels und Pferdesterbens als wahre Sensation wahrgenommen, zumindest von den Fachleuten. So schrieb etwa besagter Mechanikus Bauer:

> *Eine der wichtigsten Erfindungen in dem Gebiete der mechanischen Wissenschaften ist die v. Drais'sche Fahrmaschine [gemeint Zweirad], und beinahe halb Deutschland beschäftigt sich in diesem Augenblick mit der Entscheidung über deren Brauchbarkeit oder Unbrauchbarkeit.*

Leopold, der designierte Thronfolger des badischen Markgrafen, schrieb in einem Brief an Drais, »dass abermals durch Dero ausgezeichnetes Talent für Wissenschaft und

Industrie die Welt mit einer nützlichen und genialischen Erfindung beschenkt worden ist«.

Zwei wissenschaftliche Gesellschaften nahmen Drais als Mitglied auf. Es war zunächst der solvente Adel, der die Neuheit unbedingt haben wollte, darunter Goethes Landesherr, Großherzog Karl August von Sachsen-Weimar, der damit seinem Sohn und Erben ein Hochzeitsgeschenk machte. Es folgte der Mittelstand, namentlich bekannt zum Beispiel ein Landrat in Mecklenburg, ein Posthalter in Düsseldorf oder ein Anwalt in Straubing. Und schließlich in großer Zahl die Studenten, auf den Kupferstichen erkennbar an ihrer Schildmütze. Einer davon, Jan Kollár aus der Slowakei, studierte in Jena und fuhr sonntags mit seiner Draisine die sechs Kilometer nach Lobeda ins Pfarrhaus, um sich dort im Predigen zu üben, aber nicht zuletzt auch um die Pfarrerstochter zu treffen, die er später heiratete. Er starb als Professor in Wien und zählt heute zu den Klassikern der slowakischen Sprache. Selbst Goethe fiel das Treiben der Studenten im »Paradies« auf, einer Allee an Jenas Saaleufer. Sie fuhren dort völlig unbeeindruckt vom kalten Januarwetter – vermutlich war das Fahren in der Stadt zu dieser Zeit bereits verboten.

Es sind nicht viele Selbstzeugnisse aus dem deutschen Sprachraum bekannt, aber einige aufschlussreiche Zeitungsartikel, nachdem die größte Not von 1816/17 schon vorüber war. In Bühnenstücken zu Berlin und Wien waren es nun Draisinen, die die erwähnten Bühnenrollschuhe als Schlittschuh-Simulatoren ersetzten. Nicht dass sie dazu besser geeignet gewesen wären. Das war allein ihrem

Neuigkeitswert geschuldet. Aus Dresden berichtete man von Langstreckenfahrten des Mechanikus Bertholdi, die 88 Kilometer nach Leipzig soll er in nur sieben Stunden zurückgelegt haben. Und der *Dresdener Anzeiger* schrieb euphorisch:

> *Da durch die Draisine manches, in der Anschaffung und Unterhaltung so kostspielige Reitpferd als entbehrlich dürfte abgeschafft werden, so stehet zu hoffen, daß der Hafer in Zukunft im Preise fallen würde … Hoffentlich werden in Zukunft auch Frauenzimmer sich dieser Art des schnellen Fortkommens bedienen, indem sie dabei allen Gefahren und Unglücksfällen, welche durch Pferde so oft veranlasst werden, ausweichen. Nur werden die Damen dann als Amazonen ihre Kleidung darauf einrichten müssen, welches ihrem erfinderischen Geiste nicht schwer fallen wird.*

Da deuten sich Emanzipation und Modewandel bereits an, wenn auch nie und nimmer daran zu denken war, dass Damen sich damals rittlings auf eine Draisine setzen durften, während es zu Pferd für Damen nur schicklich war, mit beiden Beinen auf derselben Seite zu reiten. Wo Frauen noch nicht einmal Schlittschuh laufen durften, war dieser Gedanke schlicht utopisch. So empfand es wohl auch der Schriftsteller Karl August Engelhardt. Im Konkurrenzblatt des *Anzeigers*, der *Abend-Zeitung*, schrieb er unter dem Pseudonym Richard Roos über mehrere Ausgaben hinweg seine *Epistel des Stadtschreibers zu Krähwinkel*, die bei allem Spott eine erstaunlich klarsichtige Zukunftsbeschreibung der Folgen der neuen Draisinen liefern. Seine Hauptbefürchtung, dass künftig Gäste unangemeldet einfallen und Küche wie Keller plündern könnten, ist allerdings heute nicht mehr so zwingend nachvollziehbar.

> *Das alte ehrwürdige und wohlfeile Straßenpflaster in den Städten wird dem neumodischen, theuern Chausseebau weichen, denn daß die bisherigen Pflastertreter nicht ruhen werden, bis die Straßen für das Draisinenwesen vorgerichtet sind – wer mag daran zweifeln. Ist dies aber nur erst der Fall, dann jagen gewiss alle Staatsdiener auf Draisinen in Amt und Pflicht, und so gut wie man vor nicht gar langer Zeit erst in den Kanzleizimmern die kostspieligsten Vorrichtungen zur Steinkohlenfeuerung treffen mußte, wird man dann in den Kanzleihöfen ungeheure Schuppen für die Draisinen der Officianten zu bauen – ja vielleicht gar Wachen davor zu stellen haben – denn mit so einer Equipage kann man bald zum Teufel fahren.*

Solche Diebstahlsgefahr verkehre sich wiederum in ideale Fluchtmöglichkeiten für Bankrotteure und Wechselschuldner,

> *sodaß die Pferdezucht sinken, ganze Schaaren von Gastwirten und Lohnkutschern, Briefträgern, Post- und Hausknechten brodlos werden und dadurch dem Staat zur Last fallen müssen.*

Zuletzt kommt bei ihm die männliche Urangst zum Tragen, die liebe Ehefrau könne selbständig zu unkontrollierten Einkäufen oder Schlimmerem ausfahren:

> *Wem der Himmel z.B. ein Weib so nach der jetzigen Mode bescheert hat – das meinige schillert auch etwas darnach – welche Gelegenheit bietet die verdammte Draisine, dem Hause und der Pflicht zu entschlüpfen oder vielmehr zu entfahren. Nun wahrlich! Wenn man künftig in Arbeiten vergraben seine Hausehre rufen wird, so wird es heißen: Sie ist auf ein Paar Stunden in die Residenz oder nach Leipzig gefahren, und was kann dort in den Paar Stunden geschehen gegen Sittlichkeit und Kasse. Welch ungeheurer Spielraum [sich] vollends für die sogenannten Hausfreunde eröffnet, daran darf ich gar nicht denken.*

In einer rhetorischen Volte tröstet sich der Stadtschreiber damit, dass die Draisine dann wohl doch einzig zum Vorteil der Männer sei:

> *Das lassen sich aber die Frauen nun und nimmermehr gefallen. Was sollte auch aus dem häuslichen Gleichgewichte werden, wenn der eine Theil durchs Leben jagte, indeß der andre durch kröche – wenn der Mann auf seiner lieben Draisine der Censur und Controle seiner lieben Ehehälfte wie ein Aal entschlüpfen könnte, indeß letztere ewig, wie eine Auster, am Felsen der [Haus-] Wirthschaft kleben müßte? – Daß nun wohl manche*

wilde Hummel in Amazonenkleidung auf solchen Balancirsätteln erscheinen werden, will ich gern glauben – ehrbare Frauen und Jungfrauen aber gewiß nie.

Den größten Trost erfährt der Stadtschreiber aber dadurch, dass die Draisine »nie allgemein werden kann«, weil sie ausbalanciert werden müsse. Und darin sollte er tatsächlich recht behalten, denn es dauerte sage und schreibe fünfzig Jahre, bis der unzureichendste Teil des Systems Mensch-Maschine-Straße lernte, ohne rettenden Bodenkontakt auf zwei Rädern zu fahren. Heute erledigen wir diesen Lernprozess in der Kindheit ganz nebenbei, aber Erwachsenen dies beizubringen, stellt immer noch eine Herausforderung dar. Drais schreibt selbst später einmal:

Fast überall schrieb man meine Leistungen auf diesem Instrument viel mehr meiner persönlichen Gewandtheit zu als der Erfindung selbst. Die Leute stellen sich die Manipulation darauf viel schwerer vor, als sie ist, indem sie mir gewöhnlich sagen: ›Ja, wenn jedermann die Fertigkeit der Benuzung so hätte wie Sie, dann wäre die Sache gewiß sehr nüzlich‹, wagen aber nicht, sich darauf zu sezen, obschon ich mehrere Persohnen in 4 Lectionen sehr gut unterrichtete!

Die Manufakturisten Adam Burg & Sohn in Wien richteten aus diesem Grund schon Anfang 1818 eine Fahrschule ein, wo man für zehn Gulden in zehn Stunden das

Balancieren und somit Fahren lernen konnte. Solche Fahrschulen sind im Folgejahr auch für England und Amerika nachgewiesen.

Ein Übersetzer für Dinglers *Polytechnisches Journal* des Cotta-Verlags in Stuttgart, vermutlich Johann Gottfried Dingler selbst, beschrieb als Nachteile des Draisinenreitens:

> *1. Die Gefahr des Umschlagens, die wie Uebersezer nur aus dem Kreise seiner Erfahrung weiß, manchen Arm, manches Bein, manche Rippe und in der Folge dieser Verlezungen auch ein paar Leben kosteten …*
> *Der 2te Nachtheil dieser Art von Fahrzeuge besteht vorzüglich darin, daß die Brust, oder eigentlich das, was in der Brust ist, die Lungen gar sehr in Gefahr sind, bei anhaltendem oder angestrengten Gebrauche derselben angegriffen zu werden und zu leiden. Mehrere Bekannte des Uebersezers mußten daher, auf Geheiß ihres Arztes, den Gebrauch der Draisine aufgeben.*

Erste Erfolge

Mehr zu den Gefahren ist aus England überliefert, wo Thomas Stephen Davies, der bereits erwähnte Mathematikdozent der Royal Military Academy zu Woolwich, in einem Vortrag zwanzig Jahre danach die hohe Zeit der Velozipede beschrieb, die auch den Spitznamen »hobby horses« trugen, also »Steckenpferde«. Der Wagenbauer

Denis Johnson hatte sich eine abgewandelte Laufmaschine kostspielig patentieren lassen.

In der Zeit vor 18 oder 20 Jahren, als sie in der Gunst standen, wurden die Velozipede von vielen Herren unterschiedlichen Alters und Körpergewichts aus meiner Bekanntschaft ständig in der hügeligen Landschaft bei der Stadt Bath gefahren. Viele fuhren vor dem Abendessen Strecken von zwölf oder vierzehn Meilen hin und zurück [19 bis 22 Kilometer]. Und ich habe einige bestätigen hören, dass sie sechs oder sieben Meilen [10 bis 11 Kilometer] pro Stunde erreichen konnten. Es war nichts Ungewöhnliches, dreißig oder vierzig Meilen am Tag auf den alten Velozipeden zu fahren [50 bis 70 Kilometer], und doch gab es keinen tödlichen Unfall, weder Arme noch Beine wurden gebrochen und kein Chirurg benötigt. Tatsächlich habe ich nie von einem Unfall damit gehört, der nicht mit Essig und braunem Papier kuriert werden konnte.

Mit dem Vorgänger des Heftpflasters war es aber doch nicht immer getan. Davies trug selbst noch vor, dass zu einer bestimmten Zeit das St.-George-Hospital in London viele Patienten infolge Missbrauchs dieser Maschinen zu behandeln hatte.

Wenn der Fahrer [bergab] eine gewisse Geschwindigkeit erreicht hatte, wurde es äußerst schwierig, die Maschine nach rechts oder links zu lenken oder auch nur die Erde mit einem Fuß zu berühren, ohne sogleich zu stürzen. Und diese Schwierigkeit, die Maschine bei voller Geschwindigkeit zu kontrollieren oder anzuhalten, zog viele Unfälle nach sich.

Wagenbauer Johnson hatte nämlich die innovative Draissche Schleifbremse nicht nachgebaut, weil Drais diese auf seinen Kupferstichen hinter dem Bein des Fahrers versteckt hatte – alle britischen Nachbauten fuhren also ohne jede Bremse!

Dies führte unmittelbar zu einer der eigenartigsten Folgeerscheinungen der Zweirad-Erfindung, dem Londoner Karikaturen-Krieg von 1819/20 gegen die Dandys und ihr Hobby, »the velocipede«. Wie schon erwähnt hat der Londoner Wagenbauer Denis Johnson 1819 ein Patent auf das »pedestrian curricle« (»Fußgängerwägelchen«) erhalten, das aber schon bald die Bezeichnung »the velocipede« aus Frankreich übernahm und im Alltag wahlweise als »German horse«, »hobby horse« oder »dandy horse«, nach seinen hauptsächlichen Benutzern, bezeichnet wurde. Das britische Patentrecht gestattete damals den Untertanen, ausländische Ideen mit echten oder angeblichen Verbesserungen im Königreich für sich schützen zu lassen. Johnsons Verbesserungen waren eiserne Streben statt der hölzernen, wodurch die Maschinen zwar graziler aussahen, aber schwerer waren als das Original aus Deutschland oder Frankreich. Gravierend war der Verzicht auf den selbst-zentrierenden Nachlauf des Vorderrads und noch gravierender natürlich das Fehlen der Draisschen Bremse.

Geschützt durch dieses kostspielige Patent konnte Johnson mehr als 320 Maschinen bauen und verkaufen.

Johnson und sein Sohn gaben auch Vorführungen in anderen Städten. Zudem richteten sie 1819 in London eine Fahrschule ein. Trotz seines Patents bauten auf den britischen Inseln noch zwei weitere Werkstätten wohl billigere Maschinen, sodass eine Schätzung von mehr als tausend Stück im Vereinigten Königreich realistisch ist. Geht man davon aus, dass im Ursprungsland Deutschland, in den USA, den Niederlanden, in Belgien, Italien, der Schweiz und Österreich-Ungarn mindestens ebenso viele Laufmaschinen gebaut wurden, kommt man auf geschätzte 5000 Stück oder mehr weltweit.

Diese Neuheit traf nun, wie schon angedeutet, auf eine gleichzeitige Modeströmung, den Dandyismus, dessen Jünger denn auch die größte Benutzergruppe stellten. Im Straßenbild erkannte man die Dandys sofort an der äußerst raffinierten Eleganz ihrer Kleidung, am zynischen Konversationston, an einer stoisch-überlegenen Haltung in allen Lebenslagen und am egoistisch-arroganten Müßiggang. Zur Kleidung gehörten weiße Hosen, frackähnliche Jacken mit kunstvollen Kragen und Schals, die in den bald erscheinenden Karikaturen zu kropfähnlichen Gebilden übertrieben wurden. Manche Dandys trugen auch ein Korsett, um eine Wespentaille zu erzielen – »laced like an hourglass«, also geschnürt wie eine Sanduhr. Dazu kam ein affektiver Gang, weshalb das tropische Dengue-Fieber mit seinen wie geziert wirkenden Gehstörungen auch als Dandy-Fieber bezeichnet wurde. Die literarischen Vertreter dieser Stutzer waren George Brummel und später Oscar Wilde, die durch auf die Spitze getriebene Formen und Moden den Aristokratismus bewahren wollten. Wer es sich leisten konnte, imitierte diesen Trend. Anders als in Frankreich gab es in den deutschen Fürstentümern keine Dandybewegung. In vielem wurde damals die 150 Jahre spätere britische Subkultur der Mods mit ihren italienischen Motorrollern vorweggenommen.

Die Hungerkatastrophe lag schon zwei Jahre zurück und war in England nicht so heftig gewesen – dieser Anlass für die Entwicklung der Velozipede war mittlerweile offenbar vergessen. Wie auf dem Kontinent fuhren die Velozipedisten auch in London auf den Gehwegen, weil sie auf den zerfurchten und schmutzigen Fahrbahnen kaum das Gleichgewicht halten konnten. Stürze waren dort fast unvermeidlich, ganz ähnlich wie wenn man sich heute in einem Trambahngleis verfängt. Die anfangs noch recht informativen Kupferstiche machten bald ätzenden Karikaturen von Dandys auf Velozipeden Platz. Mit solchen kolorierten Flugblättern (quasi Ein-Blatt-Illustrierten) wurde in London Politik und Geld gemacht. Über hundert derartige Karikaturen sind bekannt, und die meisten gehen auf Robert Cruikshank zurück, einen Bruder des berüchtigten George Cruikshank, dem König George IV. einmal hundert Pfund Sterling zahlte, um nicht weiter karikiert zu werden. Aber woher rührte diese Aggression des Karikaturisten? Eine mögliche Antwort mag ein Kurbelveloziped-Pionier in seinem fünfzig Jahre später erschienenen Buch *Bicycles and Tricycles* geben. Demnach war Robert Cruikshank höchstselbst mit seinem Verleger James Sidebotham im Winter Anfang 1819 in Dandy-Kleidung auf Velozipeden unterwegs gewesen:

> *Eine beträchtliche Strecke lang ging alles gut, aber als sie in voller Geschwindigkeit – fast zehn Meilen [16 Kilometer] pro Stunde – den Highgate Hill herabkamen, prallten sie aneinander oder kollidierten, wie die Amerikaner sagen würden. Daraufhin stoben sie wieder auseinander, wobei jeder auf die gegenüberliegende Straßenseite stürzte – mit dem Ergebnis, dass die Maschinen ernstlich beschädigt wurden und es die Fahrer selbst gewaltig reinhaute. Mr. Cruikshank wurde von seinem weniger verletzten Freund in die Archway Tavern geführt, wo sie den Umständen entsprechend Trost fanden, um schließlich in einer von Wibers Kutschen nach London zurückzukehren. Dieser unglückliche Unfall war tatsächlich der Hauptgrund für den Popularitätsverlust der Velozipede. Statt ihre Velozipede zu reiten, widmeten sich die Herren Cruikshank und Sidebotham hinfort der Lächerlichmachung des Sports, wobei die Phantasie des Ersteren mit spitzer Feder zahlreiche drollige Zeichnungen erbärmlich aussehender Individuen kreierte, die nach dem letzten Schrei der Mode gekleidet waren und auf den sagenhaften Dandy oder Hobby Horses saßen – offenkundig unbequem und lächerlich zugleich.*

Im Text ist von Sidebothams Witwe die Rede, sodass anzunehmen ist, dass Sidebotham an den Spätfolgen des Unfalls verstorben ist. Angesichts des doppelten Verlusts von Freund und Verleger hat sich Cruikshank wohl vom Paulus zum Saulus gewandelt. Die Witwe musste mit dem Verlag umziehen und hing die Karikaturen am neuen Ort ins Schaufenster,

wo sie ein derartiges Gelächter der Passanten auslösten, dass es eindeutig nicht mehr ratsam erschien, in der Öffentlichkeit auf einem Veloziped zu erscheinen, so laut und stadtweit war das Gelächter über die Ähnlichkeit des Velozipedreiters auf der Straße und seiner Karikatur im Ladenfenster.

Das Ende der Laufmaschinen

Bald erschienen in der Presse Stimmen, die zur Besonnenheit aufriefen: »Es ist wichtig, dass der Charakter des Johnsonschen Hobby Horse vor Schmach und Hass gegen das Dandytum bewahrt wird.«

Aber da war es schon zu spät. Mittlerweile hatten es sich die Velozipedreiter auf den Bürgersteigen mit den Fußgängern verscherzt. Mathematikdozent Davies schrieb in der Rückschau:

Wenn die Velozipede auf den Bürgersteigen der Straßen fuhren, was sie nicht durften, kamen sie den Kin-

dern in den Weg oder die Kinder ihnen, wodurch die Dienerinnen der Damen alarmiert wurden. Wenn die Velozipede die Straßen entlang fuhren, scheuten ängstliche Pferde vor ihnen – wie junge Pferde manchmal bloß vor ihrem eigenen Schatten scheuen ... Hastige und unbesonnene Velozipedreiter fuhren dicke Personen unglücklich an, und alle dicken Leute und alten Frauen beschwerten sich, dass die Velozipede zu viel Platz auf dem Gehweg beanspruchten – vor allem wenn dieser schmal war.

Die Obrigkeit griff auf ein altes Gesetz zur Benutzung der Bürgersteige zurück und begann, die Velozipedreiter mit saftigen Geldstrafen zu belegen, wenn sie diese benutzten – zwei britische Pfund, also ein Viertel des Kaufpreises eines Velozipeds! Sie nannte dies die Niederschlagung des Velozipeds durch Strafen:

Die Polizisten, unterstützt durch die dicken Männer, die Nachtwächter, die alten Frauen, die Obrigkeit, der Mob, die königlichen Minister und die Pferde vereinten sich zu seiner Niederschlagung. Was hätte einer solch geschlossenen Phalanx widerstehen können? Ach was, nicht mal die Dampfmaschine hätte sich gegen eine solch mächtige und einige Allianz durchsetzen können.

Das Verbot des Fahrens auf Bürgersteigen war in Mannheim bereits im Dezember 1817 ergangen. Weitere folgten mit der Ausbreitung der Laufmaschinen in Mailand (1818), nach London auch in Philadelphia und New York (1819) und sogar in Kalkutta (1820). Aus Frankreich ist zu dieser Zeit noch kein Verbot bekannt. Es waren also nicht, wie oft behauptet, technische Mängel der Laufmaschinen, sondern Verbote, die ihren Niedergang auslösten. Was verboten ist, kann sich schlechterdings nicht durchsetzen. Und doch hatte es zunächst eine Folge-Innovation gegeben: Dem schnellen Sohlenverschleiß der Schuhe beim Fahren auf der Laufmaschine begegnete man anfangs mit eisernen Kappen über den Schuhspitzen. Dann aber hatte ein unbekannter Londoner Schuhmacher die Idee, die Schuhsohlen mit rundköpfigen Nägeln zu spicken, und erfand so die Nagelschuhe.

Einen zeitgenössischen Kritiker der Obrigkeit gab es immerhin in Lewis Gompertz, einen Erfinder und Mitgründer des ersten Tierschutzbunds der Welt. Von seinen Erfindungen ist das Spannfutter an der Bohrmaschine zur Aufnahme von Bohrern unterschiedlichen Durchmessers heute noch im Gebrauch. Der Sohn einer jüdischen Diamantenhändlerfamilie kämpfte für die Rechte der Frauen, Farbigen und Unterdrückten und vermied es der Pferde wegen, mit Kutschen zu fahren. Er ergänzte die Draisine um einen Handantrieb in der Art der heutigen Kinder-Holländer. Seine Beschreibung erschien 1821 übersetzt auch in *Dinglers Polytechnischem Journal* und enthält die älteste Forderung nach eigenen Fahrradspuren auf der Fahrbahn:

Vorzüglich liegt die Ursache des Verfalles der Draisinen in dem Verbothe, dieselben auf Fußwegen zu gebrauchen; ein Verboth, welches, wenn es hier und da nothwendig war, zugleich mit dem Befehle hätte verbunden werden müssen, dass sie drei oder vier Fuß von dem Fahrwege zu ihrem ausschließlichen Gebrauche angewiesen und diese für stets in gutem Zustande erhalten bekommen sollten. Sie verdienen dieß; und diejenigen, die sich derselben bedienen wollen, sollten nicht der Gefahr der Verlezung von Kutschen und Pferden ausgesezt oder verdammt seyn, bis an die Kniee in Koth zu waten.

Gompertz schließt mit einer großartigen Prophezeiung, die siebzig Jahre später tatsächlich in Erfüllung gehen sollte:

Nur durch Einführung und Vervollkommnung dieser Maschinen kann der Mensch von einem der langsamsten Thiere in der Schöpfung durch wohlthätige Ausübung eigener Kraft zu einem der schnellsten erhoben werden. Das lächerliche Licht, das einige Müssiggänger [die Dandys] und Caricaturen-Krämer [u.a. Sidebotham] auf sie geworfen haben, wird vor den Strahlen der Vortheile verschwinden, die die Draisinen der Welt noch einst gewähren werden.

Zuvor hatte das Schicksal der Berühmtheit des Erfinders einen verhängnisvollen Schlag versetzt. Der Jenaer Student

Karl Sand hatte am 23. März 1819 in Mannheim den reaktionären Bühnenautor und vermeintlichen Vaterlandsverräter August von Kotzebue ermordet. Auf Mord stand die Todesstrafe, und der Vater des Erfinders, Oberhofgerichtspräsident Wilhelm von Drais, hatte gegen ein Begnadigungsgesuch an den Herrscher gestimmt. Weil man dem Vater nichts anhaben konnte, schikanierten die Sand-Anhänger seit der Hinrichtung 1820 nun eben den Erfinder, der deshalb für sechs Jahre nach Brasilien ins Exil ging. Damit erlosch die unermüdliche Propaganda für seine größte Erfindung abrupt – und sicherlich auch die Begeisterung der Studenten und Sand-Anhänger für die Draisinen. Drais sollte die Rachegeister bis an sein Lebensende nicht mehr loswerden. Im Alter ereilte ihn ein hässlicher Rufmord durch einen Sand-Anhänger, den Schriftsteller Karl Gutzkow unter dem Pseudonym Edward Bulwer, der sein gesellschaftliches Aus besiegelte.

Von Rollschuhfahrern und einem neuen Boom

Dass nun für fünfzig Jahre kein Fortschritt auf zwei Rädern mehr wahrnehmbar war, hatte außer den weltweiten Fahrverboten jedoch noch weitere Ursachen. Die Mechaniker versuchten sich an Alternativen, um der Balancierangst der Leute durch standfeste drei- und vierrädrige Muskelkraftwagen Rechnung zu tragen. Diese hießen nun zwar ebenfalls Velozipede, wiesen aber mehr Rollwiderstand auf als die einspurigen. Die Zeitungsredakteure – wahrscheinlich zumeist Anhänger des hingerichteten Studenten Sand – verspürten wenig Neigung, weiterhin über die Laufmaschine des Erfinders und Sohns des verhassten Oberhofrichters zu berichten. Und schließlich fuhr 1825 der erste Personenzug, von einer Dampflokomotive gezogen, vom britischen Stockton nach Darlington. Daraufhin stahlen die Spekulationen und Berichte über die neue Eisenbahn den Draisinen die Schau.

Die aus dem Orient stammende Sitte, Läufer den Galawagen der Herrscher vorausrennen zu lassen, hatte nach der Französischen Revolution eigentlich ein Ende gefunden. Doch nach den spektakulären Fernfahrten der Draisinenreiter besannen sich ausdauernde Läufer, dass man auch ohne Räder an die Öffentlichkeit gehen konnte. So wettete Anfang des Jahres 1824 der 28-jährige Taglöhner Peter Bajus, genannt Stolz, dass er von Mainz-Kastel nach Frankfurt und zurück, also eine Strecke von fünfzig Kilometern, in fünf Stunden ohne Seitenstechen laufen werde. Er verlor zwar die Wette, doch zahlreiche Zuschauer waren entlang der Strecke erschienen. Von diesen sowie von Gästen einiger Frankfurter Wirtshäuser wurden fünfhundert Gulden für Bajus gesammelt. Schauläufe musste er daher künftig von der Obrigkeit genehmigen lassen. Bajus bezeichnete sich als »Schnell-Läufer«, und er wirkte insofern auf Drais zurück, als dieser danach sein Zweirad nicht mehr bloß als Laufmaschine, sondern fortan als »Schnelllaufmaschine« bezeichnete.

Beim pferdelosen Fortkommen zeigten sich die Auswirkungen des Fahrverbots auf Bürgersteigen. Die Mechaniker versuchten weiterhin, diese Idee zu etablieren, aber eben für die balancierängstlichen Leute auf standfesten drei oder vier großen Rädern, um sich vergleichsweise sicher auf den Straßen bewegen zu können. In dieser Hinsicht war auch vor den Verboten schon etwas geschehen. Die Londoner Firma Hancock & Company baute ein Dreirad mit Trethebeln namens »Pilentum« (lateinisch für »Wagen«), und ein Kupferstich zeigt es mit einer darauf sitzenden Lady in vornehmer Kleidung. Man kann aber nicht so recht glauben, dass man damit tatsächlich eine bestimmte Strecke zurücklegen konnte, wenn man in der Beschreibung liest: »Die Lenkung erfolgt über den mittigen Handgriff, der arretiert werden kann, um jeden gewünschten Kreis zu fahren.« Sodann entwickelte der Londoner Kutschenbauer Charles Birch nach dem Verbot verschiedene Dreiräder mit Handhebelantrieb durch bis zu drei Insassen, genannt »Manivelociter«, »Bivector« und »Trivector«. Ihre großen Räder von 150 Zentimetern Durchmesser rollten besser auf der schlammigen Fahrbahn. Der Trivector fuhr einmal die 107 Kilometer von London zum Seebad Brighton in sieben Stunden, also im Schnitt 15 Kilometer je Stunde. Die Drei-Mann-Besatzung war damit nicht schneller als Drais bei seiner Erstfahrt allein. Wie Drais nicht müde wurde zu betonen, beläuft sich die Armkraft nur auf ein Drittel der Beinkraft und ist insofern um einiges ineffizienter.

Ein Lichtblick war die Entwicklung eines Tischlers namens Willard Sawyer, der seit etwa 1830 in Dover eine Reihe von vierrädrigen Velozipeden aus Metall für Alleinfahrer mit Fuß- oder Handhebel-Antrieb oder beidem baute. Drei Kataloge sind erhalten, denen zufolge er die Herrscherhäuser des ganzen Abendlands belieferte, unter anderem den französischen Kronprinzen und den Kronprinzen von Hannover, beide noch in jugendlichem Alter. Von der Londoner Great Exhibition 1851 berichtete später die deutsche Delegation darüber Folgendes:

Die vier Velocipede stellten eine Art von Draisinen dar, die der Fahrer mit den eigenen Füßen oder Händen in Bewegung setzt, indem er – im ersten Falle – zwei Kurbelstangen tritt, die unterhalb dieser Velocipede hän-

gen oder – im zweiten Falle – indem man diese Stangen mittels Hebeln vor und zurückstößt, welche zum Sitz herauf ragen.

Die eisernen Maschinen waren filigran anzusehen, aber trotzdem schwer und teuer, weshalb das Brot- und Butter-Geschäft Sawyers eigentlich die Vermietung an Badegäste der Kanalküste war. Doch die Obrigkeit machte auch ihm bald Schwierigkeiten, sodass er in einen Nachbarort ziehen musste. In der Zwischenzeit war in zwei britischen Fachblättern für Mechaniker die Diskussion eröffnet worden, wie das optimale standfeste Veloziped aussehen sollte. Vor allem in Nordengland fertigten viele Mechaniker sich Eigenbauten an. Sie benutzten bereits Hartgummireifen für den Winter. Alles in allem waren die mehrspurigen Velozipede aber eine britische Besonderheit und auch in den USA nur ein Nischenprodukt. Das Balancieren auf zwei Rädern war für die britischen Mechaniker eindeutig kein Thema mehr, auch wenn der heimgekehrte Drais bei seiner Englandreise 1832 zwecks Propagierung seiner Stenomaschine noch einmal eine Laufmaschine bauen ließ und dem Redakteur des *Mechanics' Magazine* vorführte. Immerhin gab es zwei Jahre später Kinderlaufmaschinen beim Karlsruher Spielzeughändler Döring zu kaufen, auf denen auch die Kinder des Großherzogs fuhren. Eine solche Entwicklung gab es in der Geschichte der Kinderfahrzeuge noch öfter, nämlich dass sie aus ursprünglich für Erwachsene gedachten Konzepten entstanden, denen in der Gesellschaft aber kein Erfolg beschieden war. Aus Sawyers

Velozipeden mit Handhebelantrieb etwa wurden später die bei uns »Holländer« genannten Kinderfahrzeuge.

Das Abendland lernt Rollschuh fahren

Große Fortschritte im Balancieren ereigneten sich dagegen auf einem anderen Tummelplatz. Die weite Verbreitung der Laufmaschinen hatte offensichtlich die Phantasie der Schlittschuhfahrer in Richtung Rollschuhe beflügelt. Man wollte damit endlich von der Theaterbühne heruntersteigen, ab ins Freie. Man wäre ja von der Witterung unabhängig und könnte gewissermaßen auch im Sommer Schlittschuh laufen. Schon ein Jahr nach der Ankunft der Laufmaschinen in Paris erhielt ein Monsieur Petibled ein französisches Brevet für seinen Rollschuh auf drei Bronzerollen und gab zu Euphemismus Anlass:

> *Sein Zweck war, die Schlittschuhe auch im Sommer anwendbar zu machen … Der Erfinder machte damit viele Versuche, die sehr günstig ausfielen. Oft sah man ihn damit in öffentlichen Gärten und auf den Boulevards mit einer außerordentlichen Geschicklichkeit kommen und verschwinden. Im Sommer 1828 zeigte er sich mit noch zwei anderen im Jardin du Luxembourg, wo er die ganze Allée de l'Observatoire in kurzer Zeit mit großer Leichtigkeit durchlief.*

Dass im Jardin zehn Jahre zuvor die Draisinen aus Deutschland ihren ersten Auftritt absolviert hatten, war da längst vergessen, die Pistenqualität war aber immer noch dieselbe. Auch in London regten die Draisinen einen findigen Problemlöser zu einem Rollschuh an. Warum nicht deren Verbot unterlaufen und die Laufmaschine noch weiter reduzieren? Der Obsthändler Robert John Tyers hatte schon 1822 ein Patent auf seinen »Volito« (lateinisch: »ich flattere«) beantragt, einen Inline-Rollschuh nach heutiger Bezeichnung, auf fünf Rollen hintereinander und bereits mit dem Stopper hinten zum Bremsen. Das *Polytechnische Journal* übersetzte einen Bericht über diese »zum Schnelllaufen an Schuhen oder an Stiefeln anzubringende Vorrichtung«. In einer Fußnote äußerte man aber Zweifel an einer erfolgreichen Einsetzbarkeit:

> *Dieser ganze Apparat dient höchstens zur gymnastischen Übung in Zimmern. Auf der Straße wird man ihn wegen der Unebenheiten und wegen des Staubes und Schmutzes wohl schwerlich jemals brauchen können.*

Tyers richtete zudem eine Fahrschule auf einem ehemaligen Tennisplatz ein, die wohl noch wenig Zuspruch fand.

Auch in Paris beschäftigte sich der Schlittschuh-Pionier Jean Garcin, der Drais' Agent für Frankreich war, nun mit Rollschuhen zum Anschnallen an die Stiefelschäfte, die mit drei hintereinander angeordneten Rollen und dahinter mit einem Stopper versehen waren, und erhielt 1828 ein Brevet auf seinen »Cingar« (Anagramm von Garcin). Er konnte seine Rollschuhe elf Jahre lang liefern. Zudem betrieb er beim Hafenbecken La Villette eine Rollschuhhalle mit Dielenboden, mit der er dann später zum Neuen Tivoli bei der Place de Clichy umzog. Damit hatte er für lange Zeit die geeignete Veranstaltungsform gefunden: Eine überdachte Bahn mit ebenem Boden war der ideale Ort für das neuartige Freizeitvergnügen der Städter. Nach diesem Muster entstanden bald darauf auch überdachte Eisbahnen, was vor allem auch als Schutz gegen das Einschneien der Eisfläche gedacht war. Sie wurden als »Rink« (russisch: »Eis«) bezeichnet. Die einspurigen Rollschuhe erleichterten die Richtungsänderung etwas, während die mehrspurigen nur mit großem Kraftaufwand in eine Kurve gezwungen werden konnten. Die größere Bewegungsfreiheit war allerdings wünschenswert, denn der viel populärere Eislauf hatte sich mittlerweile zum kurvenreichen Eiskunstlauf mit allerlei Pirouetten und Sprüngen weiterentwickelt, und dies hätte man nur zu gerne auch auf Rollschuhen vollbracht.

Der entscheidende Sprung ins Freie war ironischerweise dann doch das Resultat einer Schlittschuh-Simulation auf einer Opernbühne. Heute ist es die Regel, dass Kultfilme neue Subkulturen aus dem Boden stampfen, wie etwa im Falle des Surfens. Im Jahre 1848 aber tourte die Oper *Le Prophète* von Giacomo Meyerbeer durch ganz Europa und Amerika. Sie enthielt eine Schlittschuhszene, die auf Inline-Rollschuhen mit zwei Rollen des Pariser

Fleischers Louis Legrand gespielt wurde. Legrand hatte auch die Schauspieler eingewiesen – zunächst auf standfesteren vier Rollen unter dem Schuh. Der Riesenerfolg der Oper bewog junge Leute, sich mit Legrand-Rollschuhen auf geplättelte Bürgersteige zu trauen – auch in den USA. So wurde Rollschuhfahren zum Trend, wenn auch noch überwiegend gesellig in Hallen mit Dielenboden und einer Musikkapelle. Aus Berlin berichtete 1851 *The Illustrated London News* den neuesten Clou: rollschuhlaufende Bedienungen im Bierkeller der Corso-Halle. In Berliner Bierhäusern gebe es ständig irgendeine neue Masche, um Kundschaft anzuziehen. Doch dies stelle etwas gänzlich Neues dar, denn bisher sei das übliche Mittel allein die Kostümierung der Bedienungen gewesen.

Aber noch fehlte die rechte Kurvengängigkeit, um mit dem Eiskunstlauf vollends gleichzuziehen. In Europa war dafür allerdings keine Lösung des Problems in Sicht. In New York hingegen trat ein junger Möbelhändler namens James Plimpton in Erscheinung, der mit seinem Bruder, einem Lehrer, eine schwunghafte Möbelfertigung aufgebaut hatte. Dadurch hatte er jedoch zusehends gesundheitliche Probleme bekommen, und der Arzt hatte Plimpton zum Eislaufen geraten. Im Sommer analysierte er die Nachteile der nur geradeaus fahrenden simplen Rollschuhe gegenüber den eleganten Kurvenschwüngen beim Eiskunstlauf. Darauf aufbauend experimentierte er zwei Jahre lang ergebnislos und gab 25 000 Dollar aus. Schließlich war ihm mit seinem »circular running roller skate« aber doch noch Erfolg beschieden, dem kreislaufenden Rollschuh also.

Der Literat Charles Dickens bezeichnete diesen treffend als »rockable skate«, als schaukelbaren Rollschuh, wie es ihn heute noch gibt. Denn die Vorder- und Hinterachsen mit ihren je zwei Rollen lagerten jeweils in einem halbkugelförmigen Gummiklotz. Beim Kippen der Sohlenplatte, unter der die Gummiklötze befestigt waren, nach außen wurden so das äußere Vorder- und Hinterrad auseinandergedrückt und fuhren einen Kreisbogen, das Gleiche galt bei der entsprechenden Bewegung auch für die inneren.

Jetzt konnte man mit Rollschuhen endlich genauso elegante Figuren fahren wie mit Schlittschuhen. Hinzu kam, dass Plimpton auch ein hervorragender Promoter war. In seinem New Yorker Möbelhaus richtete er eigens eine Betonbahn ein. Diese Vergnügungsstätte wurde ihm zum erfolgreichen Modell, das er mit erstaunlicher Cleverness in ein weltweites Imperium aus lizenzierten Rollschuhbahnen verwandelte – wohl eines der ältesten Franchisesysteme überhaupt. Nun konnte man sogar in Kalkutta Rollschuh laufen, wo der Eislauf mangels geeigneter Temperaturen unmöglich war. Plimpton stellte den Franchisenehmern sogar Medaillen für die monatsbesten Rollschuhläufer zur Verfügung. Die Rollschuhe wurden dort nur verliehen, nie verkauft. Diese höchste Form des Monopols erinnert an die Nachkriegszeit, als die Großrechner von IBM ebenfalls nur vermietet wurden. Alle paar Jahre wurde den Mietern mitgeteilt, dass die alte Miete nicht mehr verlängert werden könne und eine neue Anlage gemietet werden müsse – zu höheren Preisen natürlich. An die 150 Gegenpatente suchten Plimptons Monopol zu erschüttern. Er reagierte mit einem gedruckten Formbrief und obsiegte vor Gericht jedes Mal. Seine Rollschuhbahnen wurden ein gesellschaftlicher Treffpunkt ersten Ranges. Die Franchisenehmer verdienten sich goldene Nasen und Plimpton selbst wurde Multimillionär. Die ersten europäischen Plimpton-Bahnen eröffneten 1865 in London und in der Hochburg Paris. Und plötzlich wurde das Erlernen des Balancierens schick. Die ewige Balancierangst, der größte Schwachpunkt im System Mensch-Einspurmaschine-Straße, hatte sich überlebt. Denn irgendjemand in Frankreich muss sich um diese Zeit gesagt haben: Wenn ich mit Rollen unter beiden Füßen überlebe, dann ist nicht einzusehen, warum ich bei der Draisine immer wieder mit den Füßen Bodenkontakt suchen soll – man braucht das doch gar nicht.

Die verworrene Prioritätsfrage

Wie man dazu kam, am Vorderrad eines Zweirads Pedalkurbeln anzubringen, ist immer noch die am hitzigsten diskutierte Frage in der Fahrradgeschichtsschreibung und wird die Internationale Fahrradgeschichte-Konferenz (ICHC) noch lange beschäftigen. Dies liegt nicht nur an der fehlenden Dokumentation, sondern vor allem auch an Unaufrichtigkeit der Akteure damals und danach. Beispielsweise wurde seinerzeit in Anzeigen für neue Produkte gerne behauptet, sie seien patentiert, ohne dass der

Leser nachprüfen konnte, ob das überhaupt stimmte. Und falsche Behauptungen blieben ohnehin ohne juristische Folgen. Ein weiterer Grund, warum Prioritätsfragen häufig Anlass zu heftigen Debatten liefern, ist die Tatsache, dass eine historische Erfindung selten komplett neu ist. So ist es auch in diesem Fall: Die Pedalkurbel selbst brauchte nicht neu erfunden zu werden, sie war längst bekannt von den Schleifsteinen der Scherenschleifer, die von Haus zu Haus wanderten, ob nun für Handbetrieb oder Fußbetrieb. Was 1865 tatsächlich neu war, bestand im Balancieren bei gleichzeitigem Treten der Pedale – nun permanent ohne jeglichen Bodenkontakt mit den Füßen.

Am besten versteht man den Prioritätendschungel, der rings um diesen evolutionären Schritt erwuchs, aus der Perspektive der 1890er Jahre, als die europäischen Nationen sich in einem Wirtschaftskrieg befanden, der in den Ersten Weltkrieg münden sollte. Davor war Frankreich von Deutschland im Deutsch-Französischen Krieg 1870/71 besiegt und mit demütigenden Reparationszahlungen belegt worden, wovon in den zum Kaiserreich vereinigten deutschen Fürstentümern aufwendige Prachtbauten finanziert wurden. In diese Zeit fiel nun 1893 die Stiftung eines Drais-Denkmals für dessen Geburtsstadt Karlsruhe durch den inzwischen groß gewordenen, 1884 gegründeten Deutschen Radfahrerbund. Zuvor waren schon die Gebeine des Erfinders aus dem alten in den neuen Karlsruher Friedhof umgebettet und mit einem angemessenen Grabstein versehen worden. Als früher Demokrat der Badischen Revolution war Drais eigentlich noch immer ein Staatsfeind, aber der Patriotismus der Vereinsmitglieder vermochte dieses Manko zu überspielen, denn damit wurde demonstriert, dass die Fahrrad-Erfindung eine gänzlich deutsche war.

Schon 1890 begann die reichsweite Sammlung für das Denkmal. Jenseits des Rheins, in der Grande Nation, stieß diese Nachricht übel auf. War nicht *Le vélo fils de France*, so ein Buchtitel, also das Fahrrad ein Sohn Frankreichs? Der Journalist Louis Baudry, der sich den schwungvollen Adelszusatz de Saunier selbst verliehen hatte und bisher nur durch seinen Erstling *Mädchenträume* aufgefallen war, zückte 1891 in Paris die Feder. In Rekordzeit kompilierte er aus den französischen Fahrradblättern das 200-seitige Büchlein *Histoire générale de la Vélocipédie*, das noch im selben Jahr immerhin vier Auflagen erreichte.

Der Glaube an das gedruckte Wort muss damals noch unerschütterlich gewesen sein, denn heutige Leser kann seine Argumentation nicht mehr überzeugen:

> *Der Frankfurter Friede ließ die Franzosen nachdenken und führte rasch zu folgendem richtigen Gedanken: Ein Gehirn jenseits des Rheins soll die Draisine geboren haben – ist das denn wahrscheinlich? Man durchblätterte die alten Autoren, man blies den Staub von alten Gelehrtenarchiven und warf auf Drais' Ruhm eine Handvoll Erfindernamen vor ihm, die alles platzen ließen und die nackte Wahrheit aufdeckten: Der Badener war bloß ein Ideendieb, wie seine Nachfahren sich als Uhrendiebe erwiesen haben.*

Das saß. Hatte der Vater oder Großvater die schmucke weiße Porzellanuhr, Erbstück in vielen deutschen Wohnzimmern, etwa im Siebzigerkrieg mitgehen lassen?

Baudry strichelte offenbar selbst die tierköpfigen, starren Zweiräder ohne Lenkung und ohne Quellenangabe, welche ein Comte de Sivrac bereits 1791 zu Revolutionszeiten in Paris gefahren habe. Dadurch erschien sein Werk just zum hundertjährigen Jubiläum dieser nun französischen Ersttat. Für Drais blieb einzig die Erfindung der Lenkung übrig. Merkwürdig, da ein starres Zweirad allenfalls für Sekunden in Balance gehalten werden kann – außer von einem Artisten mit Balancierstange! Aber immerhin: Die erste Fahrradhistorie in Buchform war erschienen, wenn auch anfangs patriotisch gefälscht. Wie dann in unserer Nachkriegszeit ein französischer Historiker nachwies, gab es lediglich einen Jean Sievrac aus Toulouse, der erst 1817 ein Importprivileg auf eine Eilkutsche für Pferde, französisch »Célérifère«, erhalten hatte – ein Gerät auf vier Rädern wohlgemerkt!

Das Denkmal in Karlsruhe ließ den französischen Radverbänden aber nun wirklich keine Ruhe mehr. Eilig wurde für ein Denkmal der nächsten Erfindung gesammelt, nämlich das 1865er Kurbelveloziped mit angetriebenem Vorderrad. Weil es so schnell gehen musste, konnte man vermutlich nur wenig Energie auf die Recherche verwenden, sondern setzte auf den Schlosser Pierre Michaux, der als Strohmann der drei Brüder Olivier anfangs in Paris die Produktion übernommen hatte. Denn ihr Vater und Finanzier, ein in Avignon ansässiger Chemiefabrikant, wollte seinen guten Namen nicht mit dem riskanten Unternehmen der Söhne belasten. Eigentlich besaß ein Emigrant namens Pierre Lallement in den USA seit 1866 ein Patent auf das Kurbelveloziped, aber da sein Nachname genau wie »l'allemand«, also »der Deutsche«, klang, konnte er unmöglich ein Nationalheld Frankreichs werden. Also wurde das Denkmal 1894 mit großen Feierlichkeiten in Michauxs Geburtsort Bar-le-Duc eingeweiht.

Damit sind wir wieder im Prioritätendschungel von 1865 angelangt, wobei der eigentliche Knackpunkt noch gar nicht zur Sprache kam: Der damalige Hergang der Erfindung musste nämlich rasch noch aufgeschrieben werden. Dies übernahm Henry, der jüngste Sohn des längst verstorbenen Pierre Michaux, in Abstimmung mit dem Bürgermeister von Bar-le-Duc. Henry war zum vermuteten Erfindungszeitpunkt noch ein Jugendlicher gewesen. Man einigte sich auf Folgendes:

> *Im März 1861 … brachte ein Hutmacher, Monsieur Brunel aus der Rue de Verneuil, seinen Velozifer [ironisch: ›Eilkutsche‹] meinem Vater, um das Vorderrad reparieren zu lassen. Am selben Abend nahm mein Bruder Ernest, 19 Jahre alt …, die Maschine für eine Probefahrt auf die Avenue Montaigne hinaus. Nach der Rückkehr sagte er zu meinem Vater in meiner Gegenwart: ›Ich kann sie recht gut balancieren, aber die Beine hochzuhalten ist ebenso ermüdend wie sich ihrer zur Fortbewegung zu bedienen.‹ Mein Vater sagte: ›Na dann bring zwei Fußrasten am Vorderrad an und nach*

dem Anfahren, wenn Du ins Gleichgewicht kommst, kannst Du Deine Beine draufstellen. Oder besser noch, um die Beine ruhen zu lassen, setz eine Kurbelachse in die Radmitte und dreh sie wie einen Schleifstein.‹ Und mein Bruder führte meines Vaters Idee sogleich aus.

Demnach wären die Pedalkurbeln an einer Draisine angebracht worden, also einem Zweirad. Diese Geschichte hat zwei Schönheitsfehler. Erstens stammt die erste bekannte Zeitungsnachricht von einem Kurbelveloziped nicht aus Paris, sondern aus Bourg-en-Bresse im Jahr 1866. Zweitens wurde jüngst eine ganz andere Aussage des Compagnons René Olivier gefunden, der sich 1869 mit Pierre Michaux vor Gericht auseinandersetzte und für den Anwalt das Folgende aufsetzte:

Vor einer Anzahl von Jahren hat ein Arbeiter sich vorgestellt, dem Veloziped vergangener Zeiten Kurbeln anzubauen. Ich weiß nicht, ob Herrn Michauxs Sohn von diesem Vorgang Kenntnis hatte. Sicher ist jedoch, dass er ein Dreirad [Veloziped mit drei Rädern] zur Hand hatte, dessen Vorderrad mit Kurbeln versehen war; er zerlegte es und verwandelte es in ein Zweirad. Dies ist die einzige Erfindung, die er je gemacht hat, d.h. die Verwandlung eines Dreirads mit Kurbeln in ein Zweirad mit Kurbeln.

Wir haben es also mit zwei einander widersprechenden Erfindungserzählungen zu tun, aber nur eine davon kann stimmen. Die zweite wurde fünf Jahre später auch in einem französischen Fahrradbuch weitgehend identisch erzählt. Es ist anzunehmen, dass Henry diese Version gar nicht kannte und deshalb gemeinsam mit dem Bürgermeister völlig frei eine Geschichte verfasste, die den beiden plausibel erschien. Dasselbe könnte man natürlich auch René Olivier unterstellen, dem eben der Übergang vom gekurbelten Dreirad zum gekurbelten Zweirad als Erfindungshergang plausibel erschien, weil das eine beliebte Lernmethode bei den neuen Velozipeden war: zunächst standfest auf drei Rädern, dann erst auf zweien – es gab hierfür sogar umbaubare Maschinen. Oder waren in Paris tatsächlich gekurbelte Dreiräder schon früher gang und gäbe? Es gibt den Bericht einer chinesischen Delegation, die damals Europa bereiste und 1866 durch Paris kam. Dieser wurde zu Hause in China gedruckt:

> *In den Straßen fahren die Leute auf einem Fahrzeug mit bloß zwei Rädern, das durch ein Rohr zusammengehalten wird. Sie sitzen oberhalb dieses Rohrs, stoßen sich mittels Bewegungen der Beine vorwärts und halten so das Fahrzeug in Bewegung. Doch es gibt eine weitere Bauart, die durch Pedalieren mit den Füßen angetrieben wird. Sie flitzen dahin wie galoppierende Pferde.*

Dies ist in zweierlei Hinsicht bemerkenswert: Erstens dachte man, die Draisinen seien in den 1860ern längst überall ausgestorben gewesen. In Paris offenbar nicht.

Waren sie in Frankreich nie verboten gewesen und hatten sich durchgängig gehalten oder gab es einen Grund, sie wieder aufleben zu lassen? Etwa die makadamisierten Schneisen, die Präfekt Haussmann durch die Stadt schlagen ließ? Zweitens ist beachtlich, dass schon 1866 solche Pedalvelozipede im Straßenbild auffielen, wobei aber unklar ist, ob diese nun zwei oder vielleicht doch standfeste drei Räder besaßen. Die Forschung tappt hier ziemlich im Dunkeln, und es bleibt zu hoffen, dass durch die derzeitige Digitalisierung historischer Zeitungen mehr Nachrichten über Velozipede vor 1866 ans Tageslicht kommen. Wenn bereits gekurbelte Dreiräder unterwegs waren, würde dies jedenfalls für die Erfindungsgeschichte nach René Olivier sprechen. Wenn nicht, dann hätte wohl Henry Michauxs Aussage mehr Glaubwürdigkeit. Wenn nicht gar Pierre Lallement der eigentliche Erfinder war.

Lallement knickte allerdings im Rahmen eines viel späteren amerikanischen Patentprozesses des Fahrrad-Tycoons Albert Pope ein, indem er einräumte, dass Zuschauer seiner Probefahrten geäußert hätten, sie hätten so etwas schon gesehen. Daraufhin bezeichneten ihn amerikanische Fahrradmagazine als Schwindler. Aber vielleicht war er durch den aggressiven Anklagevertreter nur eingeschüchtert gewesen oder die Passanten erinnerten sich bloß an pedalgetriebene Kinderpferde auf drei Rädern, die es damals in Frankreich gab. Zur unklaren Gemengelage tragen weitere Theorien über den Hergang der Kurbelanbringung bei, die weniger plausibel erscheinen, aber letztlich wird dies vielleicht nie ganz geklärt werden. Gerade mal 150 Jahre vor unserer Zeit, und man tappt bei solchen technikhistorischen Fragen bereits völlig im Dunkeln. Das offizielle Frankreich wird an Michaux festhalten, auch wenn viel dafür spricht, dass dies damals eine überstürzte Fehleinschätzung war. Viele Amerikaner hingegen glauben weiterhin an den Einwanderer Lallement, weil der nun mal das amerikanische Patent von 1866 erhalten hat.

Die drei Söhne des Chemiefabrikanten Jules Olivier in Avignon studierten an der École Centrale zu Paris Maschinenbau, und irgendwann entdeckten besonders die jüngeren, Aimé und René, die Velozipede für sich und waren fasziniert. Glaubt man der Aussage von René Olivier, geschah dies in Paris, als er »um 1864 herum« von den Wagenbauern Sargent & Maybou ein Veloziped erwarb, um es nach Hause in die väterliche Fabrik zu schicken und nachbauen zu lassen. Im Jahr darauf unternahmen die beiden Oliviers mit dem Studienfreund Georges de la Bouglise eine mehrtägige Tour von Paris bis Avignon (750 Kilometer) auf Velozipeden – aber waren das 1865 nun Dreiräder oder Zweiräder, mit oder ohne Kurbeln? In Frankreich nimmt man an, dass alle drei Teilnehmer zweirädrige Kurbelvelozipede fuhren. Ein Beleg dafür ist bislang allerdings nicht gefunden worden. Solche Fernfahrten bis zu achthundert Kilometer wurden ein halbes Jahrhundert früher bereits mit den Draisinen ohne Kurbelantrieb unternommen, die ja offiziell ebenfalls Velozipede hießen. Irgendwann danach beschlossen die Oliviers, Kurbelvelozipede zu produzieren und suchten nach einem Betrieb in Paris, der das bewerkstelligen konnte. Ihre Wahl fiel auf den Schlosser Pierre Michaux, der mit einer damals noch neuen Fertigungstechnik arbeitete, dem gut schmiedbaren Temperguss, um Eisenteile für Pferdegeschirre und Kutschenbeschläge herzustellen. Unklar ist, ob Michaux erst seit der Begegnung mit den jungen Ingenieuren Kurbelvelozipede baute oder ob er dies schon zuvor getan hatte. Jedenfalls ist erst vom Ende des Jahres 1867 ein gedrucktes Prospektblatt erhalten, das wohl bereits René Olivier finanzierte. Denn Michaux steckte bis dahin in Schulden, die Olivier ablöste. Georges de la Bouglise konstruierte Werkzeuge für die Fertigung. Jetzt konnte es losgehen.

Von Paris nach Deutschland

Erste Kunde und ein Bild von den neuen Pariser Kurbelvelozipeden brachte im August 1868 die bundesweit gelesene Leipziger *Illustrirte Zeitung* ihren Lesern, betitelt: »Das Velocipede – neuer französischer Fuß- und Tretwagen«.

Eine andere Leipziger Zeitung schrieb, dass

> *dieses fashionable Vergnügen gerade in Paris durch die macadamisierten und asphaltierten Wege sehr begünstigt wird, sodass es sehr fraglich bleibt, ob anderswo dieses Fuhrwerk dasselbe leisten wird wie in der französischen Hauptstadt.*

Das Blatt diagnostizierte also die Großtat des Präfekten Haussmann, durch die Pariser Altstadt breite Boulevards zu schlagen, korrekt als wichtigen Anlass für die neue Veloziped-Begeisterung. Dass erst lange nach dem Ende der Weltausstellung 1867 über die Kurbelvelozipede in Deutschland berichtet wurde, lässt vermuten, dass die Zahl der in Paris zu sehenden Velozipede noch nicht besonders hoch war. Wahrscheinlich aber warteten damals die Zeitungen einfach mit Berichten solange zu, bis erste Anzeigenkunden für das neue Produkt sich auftaten. Und deutsche Hersteller gab es eben nicht vor Mitte 1868. Doch wenn man den schwäbischen Landstrich heute gern das Autoland nennt, so war das Königreich Württemberg ab September 1868 bereits das Velozipedenland. Denn damals wurde die Erste Deutsche Velocipeden-Fabrik von Müller und Binder in Stuttgart eröffnet, mit Kontor in Leipzig und Exporten vor allem in die Schweiz. Im Folgejahr kam noch ein zweiter Hersteller im württembergischen Öhringen dazu: Jakob Kottmanns Landmaschinenfabrik, die als Schulmöbelfabrik bis heute überlebt hat. Da war der württembergische Gewerbeförderer Ferdinand Steinbeis fast zu spät dran, als er in seinem Musterlager eine Woche lang ein Pariser Kurbelveloziped ausstellte, damit das örtliche Handwerk zu Nachbauten oder Verbesserungen angeregt würde. Ganz anders erging es dem badischen Gewerbeförderer Heinrich Meidinger. Er hatte in Paris auch ein Kurbelveloziped zum Ausstellen bestellt, das er zur Bekämpfung seiner Migräne sogar selbst fuhr. Als er in einem Bericht über das Fahrzeug Karl Drais erwähnte, der auch nach seinem Tod noch als Staatsfeind galt, musste er seinen Artikel aus der Gewerbezeitung nehmen. Nur die Bildtafel gibt stummes Zeugnis vom geplanten Text. Wahrscheinlich war dieser politische Umstand auch der Grund, warum es in Baden überhaupt keinen Kurbelveloziped-Hersteller gab. Dennoch gab es in ganz Deutschland bald fast vierzig Kurbelveloziped-Produzenten, darunter auch Heinrich Büssing in Braunschweig, der noch im hohen Alter mit seinen Söhnen jene Lastwagenfabrik gründete, welche die Marke Büssing bekannt machte. Büssing baute auch mehrere Velozipeden-Karusselle, mit welchen die Schausteller von Ort zu Ort zogen. Zahlende Fahrgäste konnten darin eins der im Kreis angeordneten Velozipede pedalieren – ohne jede Gefahr umzufallen.

Doch wie wurde man in Deutschland überhaupt zum Velozipedisten? Gustav Adolf Steinmann, ein Lehrer aus Leipzig, hat es beschrieben:

> *Die ersten Zeitungsberichte über die neuerfundene Maschine interessierten mich derart, daß ich kaum die Zeit erwarten konnte, eine solche zu sehen und selbst zu besitzen. Daher kam es auch, daß ich eins der ersten Velocipedes, die nach Leipzig kamen [wohl aus Stuttgart], in meinen Besitz brachte und unter den erschwerendsten Umständen die Übungen darauf begann: noch war es Winter [1868/69], aber selbst die Unbilden der Witterung konnten mich nicht abhalten. Anfangs freilich war dies etwas mühevoll und beschwerlich, so daß einige meiner näheren Bekannten, die gleichfalls*

dafür begeistert waren, bald die Flügel hängen ließen und davon abstanden. Zwei von ihnen nur waren beharrlich, und so überwanden wir vereint denn endlich die ersten Schwierigkeiten; nachdem dies aber einmal geschehen war, gewannen wir das neue Reitpferd lieber und lieber … Der Eifer für ein Fortbewegungsmittel von so hoher sozialer Bedeutung wächst augenscheinlich von Tag zu Tage, und wer könnte angesichts der hohen Stufe, auf der die technische Wissenschaft unserer Tage steht, an der endlichen Erreichung eines gedeihlichen Zieles zweifeln?

So schreibt es Steinmann im Vorwort zu seinem kleinen Ratgeber *Das Velocipede – Seine Geschichte, Konstruktion, Gebrauch und Verbreitung*, der noch 1869 erschien, wenn auch auf 1870 vorausdatiert. Doch im neuen Jahr sollte dieser Band eher zum Schwanengesang auf die Kurbelvelozipede werden.

Ein weiterer Pionier war ein Mannheimer Angestellter, dessen Name damals erst noch im Kommen war: Karl Benz. Er arbeitete damals im Konstruktionsbüro einer Mannheimer Maschinenbaufirma. In einem Gespräch vierzig Jahre später sagte er dem Interviewer:

Da fiel ein Ereignis in mein Leben, das mein Streben eine Zeitlang in andere Bahnen lenkte, um es dann aber umso mehr zu fördern. Ein guter Freund von mir [Wilhelm Walther] hatte sich ein Veloziped gekauft … Das Vorderrad hatte neunzig Zentimeter, das Hinter-

rad achtzig Zentimeter Durchmesser – und die Pedale waren direkt an der Vorderradachse angebracht. Die Bereifung bestand aus Eisen. Von Kugellagern war selbstverständlich keine Spur. Da hatte ich ja mein Ideal, und sogar in vereinfachter Form. Jetzt konnte ich pferdelos über die Landstraße dahineilen und bedurfte nicht einmal des kostspieligen Betriebes einer Kraftmaschine, sondern nur meiner eigenen Kraft. Das heißt, vorläufig konnte ich noch nicht. Aber nach vierzehn Tagen hatte ich es doch erlernt. Wer war stolzer als ich! War das eine Sensation, als ich durch Mannheims Straßen pedalierte, und war das eine Sensation, wenn ich irgendwo auf der Straße in einem Gasthause einkehrte!

Tatsächlich wirkte der Mannheimer Ruderfreund Walther, dem Benz das Kurbelveloziped abkaufte, als Agent für die Stuttgarter Velocipeden-Fabrik Müller & Binder, wie sein Inserat im Mannheimer Adressbuch belegt. Für Überraschungen gut ist die Beschreibung desselben Ereignisses in dem nochmals 15 Jahre später erschienenen Titel *Karl Benz – Lebensfahrt eines deutschen Erfinders 1844–1924*, der wie eine Autobiographie geschrieben ist:

Da kam eines Tages mein Freund, Buchdruckereibesitzer Walther, zu mir. Er war von einer Reise aus Stuttgart zurückgekommen. Dort hatte er den eleganten Renner gesehen und ruhte nicht – da er selbst schlecht zu Fuß war –, bis er ihm gehörte. Es war aber leichter, die Maschine zu kaufen als auf dem schweren Ding zu fahren. Bei fast all seinen Versuchen artete das Fahren in ein Fliegen aus. Daher hatte er den eigenartigen Sport bald satt und sah sich nach einem Käufer um. Da er meine ›Schrullen‹ kannte, muß er wohl in mir einen Liebhaber gewittert haben … Schon nach vierzehn Tagen angestrengtester Versuche konnte ich das Rad meistern, was mein Freund nie gelernt hatte. Es war allerdings keine kleine Arbeit, auf Mannheims holperigem Pflaster das Gleichgewicht zu halten. Aber der hüpfende Gaul mußte gehorchen, ja, ich mutete ihm – lies mir! – sogar wiederholt die vermessene Aufgabe zu, große Touren über Land zu machen [z.B. Mannheim-Pforzheim].

Da wurde die Fernfahrt der Ehefrau mit den beiden Söhnen – 1888 auf dem Motoren-Veloziped nach Pforzheim – bereits spektakulär vorweggenommen. Aber ansonsten herrscht plötzlich ironische Distanz: »eigenartiger Sport«, »schweres Ding«. Was ist passiert? Die Lösung ist einfach, wenn man den Verlagsvertrag gesehen hat – keineswegs mit Karl Benz, sondern mit dem Schwiegersohn und Geographielehrer Karl Volk abgeschlossen! Hat der Mensch noch Töne? Dieser Ghostwriter hat die Autobiographie, brav in Ich-Form, in Rekordzeit im fernen Überlingen am Bodensee zusammengeschrieben – ganz offensichtlich ohne Abstimmung mit dem greisen Schwiegervater in Ladenburg bei Mannheim. Dies erkennt man am Fehlen der Benzschen Kritik an Autorennen, welche in den als Vorlage dienenden Interviews noch ausgesprochen wurde.

Doch Generationen von Motorjournalisten haben daraus andächtig vermeintlich Karl Benz zitiert, und Verlage sind sich bis heute nicht zu schade, diese verpfuschte Quelle ohne jede Klarstellung nachzudrucken, sogar in englischer Übersetzung.

Die Begeisterung in Deutschland war nicht sogleich da. Anders als zu Drais' Zeiten gab es nun die Eisenbahn, die eine schnelle und saubere Beförderung versprach. Steinmann ging darauf ein:

Die Eisenbahn geht ohne Zweifel schneller, aber sie besitzt eine mechanische, brutale, unintelligente Schnelligkeit, während das Velocipede eine vom Menschen direkt ausgehende, also persönliche Schnelligkeit besitzt. Die ausgeführt wird je nach der Laune des Willens, die sich selbst ersetzt, sammelt und ein Beweis ist von der Macht der Nerven [Muskeln].

Vermutlich gab es sofort wieder überall Verordnungen mit Fahrverboten auf den Bürgersteigen. In der Stadt Köln herrschte von 1870 bis 1895 durchgehend in der ganzen Innenstadt ein Fahrverbot. Steinmann nennt die Ursachen:

Wie kommt es, daß trotzdem diese unschuldige Maschine auch so manchen offenen und versteckten Feind gefunden hat? Die Furcht, auf öffentlicher Promenade nicht mehr sicher sich erholen zu können, ist nur teilweise und zwar nur durch den ungeübten Fahrer begründet, denn der ausgebildete Velocipede-Reiter fin-

det seinen sicheren, wenn auch ruhigeren Weg selbst auf der besuchten Promenade, das Bild belebend, nicht das Publikum gefährdend … Möge es den mutigen und gewandten jungen Männern gelingen, das Vergnügen allgemeiner werden zu lassen; vielleicht gestattet man ihnen dann, wenn man von der Gefahrlosigkeit sich überzeugt hat, wenigstens teilweise den bis jetzt verbotenen Gebrauch der Fußwege und Promenaden.

So wundert es wenig, dass sich die Veloziped-Reiter oder Velozipedisten zu Vereinen zusammenschlossen, um der Obrigkeit besser standhalten und gemeinsame Ausfahrten oder Wettrennen organisieren zu können, oft initiiert vom örtlichen Hersteller oder Händler. Bisher bekannt sind solche für Altona (ursprünglich Eimsbüttel), Hamburg (St. Georg), Hannover, Berlin, Magdeburg, Leipzig, Aachen, Mannheim, München, wobei der heutige Hamburg-Altonaer Club den Rang des ältesten beansprucht. Die Spitzen der Gesellschaft vermochte der rührige Wiener Händler Friedrich Maurer im Wiener Velocipede-Club zusammenzuführen, darunter Fürst Egon von Thurn und Taxis, während vom Deutschen Bund derartige Prominenz nicht bekannt ist. Vielfach wurden nun Veloziped-Bahnen gebaut, etwa in Mannheim, um einen Ort zum Fahren zu haben. Dies kann man analog zu den heutigen Flugplätzen der Privatflieger sehen, welche ja ebenfalls nicht vor der Haustüre starten dürfen. Statt die Velozipede bei Fahrverbot von zu Hause zur Veloziped-Bahn und zurück zu schieben, dürften viele Clubmitglieder ihre Maschinen bei der Veloziped-Bahn deponiert haben. So gesehen konnte man mit seinem Veloziped nicht viel mehr anstellen, als an Wettrennen oder Geschicklichkeitsfahrten teilzunehmen. Das Programm des Velozipeden-Wettreitens anlässlich der Altonaer Industrieausstellung 1869 ist überliefert: Es gab Rennen über 750, 1000 und 1500 Meter, wobei der Vorderraddurchmesser für die beiden ersten Strecken auf maximal neunzig Zentimeter festgelegt war. Von den 26 angemeldeten Velozipedisten waren elf selbst Hersteller. Immerhin drei Gymnasiasten nahmen teil. Zeiten wurden nicht gemessen, es genügte die Reihenfolge im Ziel. Ein Wiener Rennen gewann der Importeur und Veranstalter Friedrich Maurer selbst in 2:03 Minuten über tausend Meter (29 Kilometer pro Stunde) souverän vor dem Zweiten mit 2:20 Minuten (26 Kilometer pro Stunde), außerdem gab es ein Damenrennen, wofür Maurer die Damen in eigenen Fahrstunden ausbildete. Direkt vergleichen mit den 22 Kilometern je Stunde beim Münchener Draisinenrennen von 1829 lässt sich dieses Ergebnis nicht, denn letzteres war der Schnitt über eine Distanz von elf Kilometern in dreißig Minuten Fahrzeit. Über nur einen Kilometer wäre man sicher schneller gewesen – und durchaus vergleichbar mit den Kurbelvelozipeden.

Immerhin erreichte der Wiener Velocipede-Club eine Lockerung des generellen Fahrverbots in der Stadt, wie die *Illustrirte Zeitung* meldete:

Die Wiener Statthalterei hat folgende neueste Vélocipède-Verordnung erlassen. Zur Vermeidung von

Unglücksfällen und zur Förderung der öffentlichen Sicherheit sind die Velocipedisten von nun an gehalten, mit Einbruch der Nachtstunde ihre Wagen zu beleuchten, damit diese von weitem zu sehen sind. Bei Tageszeit aber haben sie sich der Signalpfeifen zu bedienen und bei Straßenübergängen, Brücken und Straßenecken langsam zu fahren. Dawiderhandelnde werden bestraft.

Kerzen- oder Öllampen erfüllten diese Aufgabe. Die Fahrradklingel musste erst noch erfunden werden.

Es gibt außer Steinmanns Büchlein kaum Quellen über diese Zeit, und so kommen die Inserate ab November 1869 überraschend, wonach der Stuttgarter Hersteller und andere sich von 150 Velozipeden beziehungsweise großen Posten an Halbfertigteilen trennten – schlagartig war die Luft raus aus dem Boom. Büssing sattelte auf Signaltechnik für die Eisenbahn um. Maurer in Wien befasste sich fortan mit dem »Rollschlittschuhlaufen«. Am 19. September 1870 erklärte der französische Kaiser Napoleon III. den Preußen den Krieg. Entgegen allen Vermutungen begann schon im Jahr vor dem Deutsch-Französischen Krieg der Niedergang der Kurbelvelozipede. Doch wieder zurück zu den Pariser Anfängen.

Compagnie Parisienne – die erste Fahrradfabrik

In Paris, der technischen Metropole des Kontinents, war man nicht stehen geblieben. Auch war die Kundschaft eine andere als etwa in Deutschland, es waren vornehmlich reiche junge Leute mit sportlichen Ambitionen, genau wie der neue Firmeninhaber, René Olivier. Die von den Pferderennen abgeschauten Velozipedrennen waren sein Marketinginstrument. Schon früh gab es auch Hindernisrennen über schiefe Bretterhindernisse, eine Kopie des Steeplechase im Reitsport. Nach dem ersten 1868 in Bordeaux gab es bald in ganz Frankreich auch Frauenrennen, die enorme Zuschauermengen anzogen. Die wenigen deutschen Wettrennen wirkten da eher wie ein müder Abklatsch der französischen Rennszene. Zum Star dieser Szene entwickelte sich ein junger Brite namens James Moore, der den halben Kilometer Rundkurs anfangs in 2:35 Minuten schaffte, also mit zwölf Kilometern pro Stunde nicht schneller als Drais bei seiner Erstfahrt 1817. Stürze waren häufig und nicht immer folgenlos, selbst bei den sogenannten »Langsamrennen«, wo der Langsamste der Sieger war. Aber natürlich waren dies vor allem Leistungsschauen der Hersteller, oft kombiniert mit Ausstellungen der neuesten Modelle. Im Rückblick des *Petit Moniteur Universel* wurde das Jahr 1868 zum »Jahr des Velozipeds« ausgerufen.

Wie erhofft stieg die Nachfrage beständig an, nach der Weltausstellung waren überdies viele ausländische

Bestellungen eingegangen. Bald lieferten an die vierzig Hersteller in Paris und Südfrankreich die Kurbelvelozipede, zum Teil noch ganz aus Holz. Lieferengpässe bei Michaux sorgten für allerhand Friktionen zwischen den Oliviers und Michaux. Der Temperguss des schlangenförmigen Rahmens der ersten Generation brach häufig und konnte danach nicht mehr repariert werden, was die Kunden natürlich verärgerte. Mittlerweile hatten René und der ältere Aimé Olivier Töchter des Werftmagnaten Jean-Baptiste Pastré aus Marseille geheiratet, der sich an ihrem Vorhaben beteiligte.

Nach einer Änderung des Rahmens zu einer geraden Diagonalen vom Steuerkopf zur Hinterradachse ließ sich dieser nun in Pastrés Werft aus Stahl schmieden und infolgedessen auch eher reparieren. Dank der Eisenbahn war eine solch dezentrale Fertigung möglich geworden. Der Zusammenbau erfolgte weiterhin in Paris und erreichte schnell zwölf Stück pro Tag. Schon bald waren es hundert pro Woche.

1869 erfolgte schließlich ein Umbau der Firma, wodurch die drei Olivier-Brüder zu Teilhabern wurden und die Partnerschaft mit dem 55-jährigen Michaux endgültig beendet wurde. Dieser hielt weiter am Temperguss fest, hatte angeblich aber auch Gelder veruntreut. Zuvor hatte Michaux allerdings ein Patent auf die Neuerungen der Oliviers erhalten, und man kann sich fragen, warum sie auch dieses Patent noch auf den Namen ihres Strohmanns laufen ließen. Neben dem diagonalen Schmiedestahlrahmen waren dies eine Schnurzugbremse mit Flaschenzug als Bremskraftverstärker und geschlitzte Kurbelarme zur Verstellung der Pedale, die mit Tannenzapfen-Gegengewichten immer horizontal gehalten wurden. Die Gegengewichte enthielten zugleich ein Ölreservoir zur Schmierung der Pedalachsen. All dies floss in die Kurbelvelozipede der zweiten Generation ein, die nun unter der Marke »Compagnie Parisienne« produziert wurden. Und sie hatten es eilig. In den Zeitungen wurden Inserate geschaltet, ein Farbkatalog gedruckt – mit der Aufschrift »Time is money« – und ein Plakat entworfen. Unter dem neuen Leiter Jean-Baptiste Gobert, einem Studienfreund von René, überschlug sich die Firma fast mit Innovationen im Bestreben, das Fahren immer angenehmer zu gestalten. So wurden Federungen für das Vorderrad und sogar für den Lenker entwickelt. Ein technischer Glanzpunkt war auch die Vergrößerung der Kurbellänge beim Fahren am Berg, die mittels eines kleinen Hebels am Lenker dirigiert werden konnte. Natürlich machten diese Optionen die Maschine komfortabler, aber allmählich auch unerschwinglich teuer. Compagnie Parisienne blieb die Topmarke für die gehobene Klientel.

Mittlerweile gab es auch schon gebrauchte Kurbelvelozipede aus erster Hand und erschwinglich für die Angestellten. Ein Dutzend französischer Broschüren zum Erlernen des Fahrens auf dem Kurbelveloziped erschienen – garantiert ganz ohne Fahrlehrer. Die erste Fahrradzeitschrift *Le Vélocipède Illustré* wurde im März 1869 veröffentlicht, herausgegeben von Richard Lesclide, dem Privatsekretär des Schriftstellers Victor Hugo. Die berühmte Schauspielerin

Sarah Bernhardt ließ sich auf der Maschine fotografieren, die Sängerin Blanche d'Antigny mit ihrem Veloziped in Öl malen. Letztere galt als Vorbild für Zolas Romanfigur Nana und bewirkte als Halbweltdame bei sittsamen Französinnen eher eine Abschreckung vom Velozipedfahren, wie dreißig Jahre später die Berliner Damenradfahr-Vereinsvorsitzende Amalie Rother in Erfahrung brachte. Eine Flut von Patenten wurde angemeldet, etwa für ein Tandem oder ein Dreirad, bereits mit Kettenantrieb der Hinterachse. Der künftige Luftfahrtpionier Clément Ader ließ sich Vollgummi-Reifen für Kurbelvelozipede patentieren, wodurch das laute Rattern der Eisenreifen auf der Makadam-Oberfläche der Pariser Boulevards endlich aufhörte. Der Hersteller Jules-Pierre Suriray stattete seine Kurbelvelozipede gar mit zwei Kugellagern für das Vorderrad aus, deren Kugeln er in einem Gefängnis von Hand schleifen ließ – und wies so den Weg zum späteren Siegeszug dieses Bauteils. Sogleich nutzte James Moore, der in Paris lebende britische Star der Velozipedrennen, solch ein Maschine und gewann die nächsten Rennen. Zwar hielten die ungehärteten Kugeln der Belastung nicht lange stand, dennoch waren ihre Vorteile nun klar bewiesen. Und Louis-Guillaume Perreaux, Hersteller von Feinmessinstrumenten, baute eine kleine Dampfmaschine in die Kurbelvelozipede ein – ein frühes Motorrad. Nach zehn Minuten Aufheizen ging es mit 14 Kilometer je Stunde auf die Strecke.

Die technischen Glanzpunkte dürfen jedoch nicht darüber hinwegtäuschen, dass die Kurbelvelozipede der zweiten Generation dem Lernwilligen immer noch erhebliche Probleme bereiteten. Während bei der ersten Generation der Sattel so tief lag, dass man mit den Füßen den Boden berühren konnte, war dies in der zweiten nicht mehr möglich. Der Sattel war nun auf einer langen Blattfeder hoch über dem Boden angebracht und ermöglichte so effizienteres Pedalieren. Das Aufsteigen wurde jedoch zum Problem, das reichlich spät mit einem kleinen Trittbrett wie bei einer Kutsche gelöst wurde. Davor musste der Fahrlehrer das Gefährt halten, bis der Schüler aufgestiegen war. Wenn sie draußen unterwegs absteigen und dann wieder aufsteigen mussten, gaben die Velozipedisten oft einem Straßenjungen einen Groschen, damit er sie beim Aufstieg unterstützte, oder sie versuchten an eine Hauswand angelehnt in den Sattel zu gelangen. Ein südfranzösischer Hersteller ersann eine Aufstiegshilfe mit Ständer, die während der Fahrt ans Veloziped hochgeklappt werden konnte. Für Anfänger nicht zu empfehlen war dagegen die Kamikaze-Technik: das Veloziped anschiebend nebenher zu rennen, um schließlich mit Schwung auf den Sattel zu springen. Glücklich konnte sich nennen, wer diesen traf, äußerst schmerzhaft erging es dagegen jenen, die die ungepolsterte Blattfeder erwischten. Mit über vierzig Kilogramm waren die Kurbelvelozipede doppelt so schwer wie die Draisinen. Ab einer gewissen Schräglage waren sie nicht mehr zu halten und konnten den Fahrer sogar umwerfen, was besonders auch beim Absteigen mit einigem Risiko verbunden war. Kein Wunder, dass überall Fahrschulen aus dem Boden sprießten. Beim Kurvenfahren scheuerte das Vorderrad an den Beinen, weshalb man vorzugsweise Schaftstiefel trug. An die Mitnahme einer zweiten Person war nicht gedacht, aber es gibt Bilder, wo eine Werkzeugtasche auf der Tragfeder hinter dem Sattel für eine Sozia als provisorische Sitzgelegenheit diente. Rückschauend fragt man sich unwillkürlich, worin eigentlich, abgesehen von der neuen Optik, der Fortschritt bei den Kurbelvelozipeden bestand. Klar, die Balancierangst war besiegt, und die Pariser Makadam-Boulevards waren eine sichtliche Verbesserung. So waren zumindest zwei der drei Anteile im System Mensch-Maschine-Straße optimiert worden. Aber die Maschine selbst und auch ihre Handhabung waren sogar noch schwerer geworden, da man sich zwecks einfacherer Fertigung auf den Metallbau kaprizierte und damit der Kutschenmode folgte. Wahrscheinlich aber wirkte das Fahren mit den kleinräumigen Pedalierbewegungen wesentlich souveräner als das ausgreifende Vorwärtsschreiten auf den Laufmaschinen. Drais' Pariser Importeur hatte zu dem Brevet-Antrag von 1818 ja geschrieben, dass man die »Steuerbewegungen« – gemeint waren die Laufbewegungen – auch gut verdecken könne. Also war deren Anblick doch als einigermaßen peinlich empfunden worden.

Dagegen schrieb die Firma Michaux in einer Broschüre von 1868 mannhaft und unbeirrbar an:

Welch angenehmere Aktivität kann man verlangen als zum Vergnügen oder zum Reisen zu fahren – im Sitzen mit den Füßen vom Boden abgehoben? Wie auf einem Pferd zu reiten mit den Händen oben und dem Körper aufrecht und mit einer selbstbestimmten Geschwindigkeit zu fahren ohne unkomfortable Stöße und dies für eine längere Dauer, als man stehen oder sitzen kann? Unter solchen Bedingungen und bei gutem Wetter kann die Fahrt nur den einen Fehler haben, zu kurz zu sein, und das Reisen wird niemals zu lang erscheinen. Was die Nützlichkeit angeht, kann es nicht länger Klagen geben außer von den Unverschämten, die so oft über Dinge reden, von denen sie nichts verstehen. Es ist das gleiche Lied wie bei allen Erfindungen, deren Erfinder so schlecht aufgenommen wurden, statt wertgeschätzt zu werden. Was könnte nützlicher sein als ein Fahrzeug, das immer bereit ist und wartet und das uns erlaubt, unter allen Bedingungen und in jedem zivilisierten Land unsere Bewegungsleistung zu verdreifachen? Wir reisen damit schneller als zu Pferde und kommen flexibler an als mit der lokalen Eisenbahn. Wir können nicht oft genug wiederholen, dass das Veloce [alias Vélocipède] unsere Kräfte entwickelt, unseren Geist entspannt und uns zur Arbeit beflügelt, während es zugleich dem Reisen dient und uns stärkt.

Der Boom in den USA

Schneller noch als nach England gelangte das neue Phänomen in die Vereinigten Staaten. Der eingewanderte Pierre Lallement patentierte mit einem Kompagnon sein Kurbelveloziped schon 1866, konnte aber keine Fertigung anstoßen. Dies gelang zwei Jahre später den Hanlon Brothers, drei Akrobaten, die auf der Bühne und im Freien mit Velozipeden agierten. Calvin Witty, ein Kutschenbauer in New York, produzierte ihr patentiertes Kurbelveloziped. Ihm folgten weitere, die sich teilweise noch auf die Holzbauweise konzentrierten. Aus Pragmatismus kehrten viele auch zu einer Sitzposition mit Bodenkontakt der Füße zurück, worunter allerdings die Effizienz des Pedalierens etwas litt. Bei Preisen von 75 bis 150 Dollar waren die Velozipede nicht gerade billig, wenn man bedenkt, dass für Arbeiter ein Wochenlohn von zehn Dollar schon außergewöhnlich war. Dennoch brach ein regelrechter Boom aus, wie in Frankreich schossen auch hier überall Fahrschulen aus dem Boden, in Turnhallen oder umfunktionierten Rollschuhbahnen, wo die Velozipede verliehen wurden – zu einem Cent pro Minute. Dieses den Rollschuh-Rinks abgeschaute Geschäftsmodell bot finanzschwachen jungen Leuten die Möglichkeit, am neuen Trend teilzuhaben. Witty begann nun damit, für sein Hanlon-Patent rückwirkend Lizenzen von den anderen Herstellern einzutreiben. Als er vom Lallement-Patent erfuhr, kaufte er es diesem und dessen Teilhaber ab und forderte nun happige zehn Dollar Lizenz für jedes in den USA gefertigte Kurbelveloziped – und zwar auch rückwirkend. Dies trieb folgerichtig die Preise in die Höhe, auch in den Verleih-Hallen, und machte die Maschinen noch weniger erschwinglich. Als nun die stolzen Besitzer dieser teuren Velozipede, die sich nur wenige Begüterte leisten konnten, auch die Bürgersteige eroberten, drehte sich die öffentliche Meinung von Begeisterung in Ablehnung. So wiederholte sich das Elend, das seinerzeit schon die Draisinen ereilt hatte: Verbote mitsamt in Aussicht gestellten Geldstrafen zwangen zum Fahren auf den schmutzigen und zerfurchten Straßen, wofür die Schönwetter-Maschinen alles andere als geeignet waren, weil ihnen im wahrsten Sinne des Wortes die Kotflügel fehlten. Schnell ließ auch das Interesse an den Leih-Velozipeden in den Hallen nach. Und im Herbst 1869 war der amerikanische Kurbelveloziped-Boom schon wieder zu Ende.

Coventrys Chance

Kehren wir noch einmal zurück nach Paris, in den November 1868. Ein junger Vertreter einer Nähmaschinenfabrik aus Coventry, Rowley B. Turner, brachte ein Kurbelveloziped der Compagnie Parisienne nach Hause. In Begleitung zweier Freunde machte er damit im folgenden Februar eine spektakuläre Fahrt von London nach Brighton, worüber dreihundert Zeitungen berichteten und so den Engländern das neue Gefährt bekannt machten. Turner überredete seinen Onkel und die übrigen Fabrikdirektoren, die Produktion von Kurbelvelozipeden für Frankreich aufzunehmen. Er hatte in der Halle des Gymnase Pascaud fahren gelernt und schloss sich mit deren Betreibern zur Firma Turner & Cie. zusammen, um die Maschinen aus Coventry als »Vélocipèdes Américains« zu vertreiben. Dieser Marketing-Trick sollte suggerieren, dass die Produkte aus dem bereits boomenden Amerika kämen und nicht aus dem noch unbekannten englischen Coventry. Der Zeitpunkt war für die Coventry Sewing Machine Company Ltd. günstig, da der Nähmaschinen-Markt beinahe gesättigt und die Konkurrenz überdies beträchtlich war. Als ersten Auftrag bestellte Turner dreihundert Kurbelvelozipede für seine neue Firma. Tatsächlich war dies der Beginn der Karriere Coventrys als Fahrradstadt – quasi das britische Bielefeld – und später als Autostadt.

Allmählich entwickelte sich auch eine Nachfrage in England. Eine Londoner Firma importierte Kurbelvelozipede aus den USA, und im April gab es ein erstes Rennen, das 3000 Zuschauer anzog. Anders als in den USA gab es hier nicht so viele Rollschuh-Hallen, die auf den Verleih der Kurbelvelozipede hätten umsatteln können. Stattdessen bewährte sich die britische Vorliebe für Pferdesport und Wetten. Während in Frankreich die Velozipedrennen nur gelegentlich stattfanden, meist gekoppelt an lokale Festivitäten, boten die Besitzer von britischen Pferderennplätzen regelmäßige Veranstaltungen an, was den Rennfahrern Geldpreise und Planungssicherheit verschaffte. Dadurch entwickelte sich, unabhängig von den Pendelfahrten der Vorortbewohner zu ihren Stadtbüros, eine feste Rennszene mit Fahrern, die tatsächlich von ihrem Sport leben konnten. Während sich seit Ende 1869 auch in England die Fahrverbote auf Bürgersteigen häuften und dadurch die Velozipede innerstädtisch praktisch unbrauchbar gemacht wurden, überlebte die Rennszene unbeschadet. Ebenso unbeeindruckt blieb sie vom fernen Deutsch-Französischen Krieg. Diese Rennszene war es, die den britischen Herstellern Impulse zu Weiterentwicklungen lieferte, um bessere Maschinen für sportliche junge Leute zu produzieren, die sich nun vermehrt am Ideal des Rennfahrers orientierten und auch private Rennen austrugen. Es ist sicher keine Übertreibung festzustellen, dass allein britischer Sportsgeist das Überleben der Fahrradbegeisterung für dieses Mal gesichert hat.

Denn neben den Fahrverboten beschleunigte auch der weiterhin anhaltende Siegeszug der Rollschuhbahnen in der ganzen westlichen Welt den Niedergang der Kurbelvelozipede. Besonders deutlich zeigte sich der Wandel in Wien, wo der bisherige Importeur von Pariser Velozipeden im Herbst 1869 gar seine Fahrschule gleich ganz in eine Rollschuhbahn mit Musikkapelle umwandelte. Und infolge der Niederlage im Deutsch-Französischen Krieg und der Wirren der Pariser Kommune musste schließlich auch die Compagnie Parisienne aufgeben.

Mit Maskenbällen und anderen musikalisch untermalten Anbändelveranstaltungen lockten die Besitzer Jung und Alt in ihre Rollschuhhallen und boten damit eindeutig den sozial attraktiveren Sport. Demgegenüber hatten die schwierig zu handhabenden Velozipede einen schweren Stand und handelten sich bald den Ruf als Junggesellenmaschinen ein. Ein französisches Büchlein aus dieser Zeit stellte deshalb siegessicher fest: »Rollschuhfahren ist in Mode. Es hat vorteilhafterweise das Veloziped abgelöst.«

Das Rad wird neu erfunden

Die bisherigen Kurbelvelozipede waren zwar aus Metall, hatten aber immer noch Holzräder, aus dem einfachen Grund, weil man sie aus Metall nicht so leicht bauen konnte. Die wissenschaftliche Erkenntnis, dass die Masse der Räder zweifach der Beschleunigung entgegenwirkt, zum einen der linearen Beschleunigung und zum anderen der Drehbeschleunigung, wurde erst Jahrzehnte später niedergeschrieben. Doch empirisch war dies den Mechanikern durchaus geläufig: Räder ganz aus Eisen waren eben keine Garanten für den Rennsieg. Aber man konnte ja das Hinterrad verkleinern und somit leichter machen. So erschienen auf den Rennen in Paris 1869 vermehrt Kurbelvelozipede mit kleinem Hinterrad. Das angetriebene Vorderrad hätte man für größere Schnelligkeit sicher gern noch größer gemacht, aber dort stieß man an die Grenzen der Holzbauweise. Vorbild hierfür waren die Dampflokomotiven des britischen Ingenieurs Thomas Russell Crampton mit ihrem übergroßen Antriebsrad gewesen. Crampton-Lokomotiven fuhren damals vor allem auf dem Kontinent, so auch in Frankreich.

Der Bau der hölzernen Wagenräder und leichten Velozipedräder war die Kunst der Wagner. Die Variante mit

Bugholzfelgen aus einem Stück, auch »Patenträder« genannt, wurde für Velozipede bevorzugt. Der Zusammenhalt beruhte allein auf dem Formschluss der Holzteile und der Kompression des Eisenreifens drumherum – wozu kein Holzleim vonnöten war. Der Schwachpunkt war die Nabe, eigens aus durchwachsenem Ulmenholz gedrechselt, wodurch ein Aufspalten durch die eingesteckten Speichen vermieden werden sollte. Zusätzlich musste man dies durch kleine Eisenringe rings um die Nabe verhindern. Die Löcher für die Speichen wurden mittels einer Schablone exakt gebohrt. Die Speichen aus Eschenholz wurden etwas dicker gedrechselt, dann über Feuer erhitzt und in die Löcher gehämmert. Beim Abkühlen nahmen die Enden die Luftfeuchtigkeit auf und dehnten sich aus – für einen perfekten Presssitz. Analog wurden die anderen Speichenenden in die Felgenlöcher eingepasst und schließlich der erhitzte Eisenreifen außen herum gelegt. Beim Abkühlen zog dieser sich zusammen und presste so die Holzteile ineinander.

Da die Luftfeuchtigkeit aber von Tag zu Tag schwankt, schafften es die Unebenheiten und Schlaglöcher auf den Straßen irgendwann, den Formschluss der Holzspeichen auszuleiern, besonders bei großen Rädern wegen der Hebelwirkung der längeren Speichen. Für Reparaturen mussten die Räder dann komplett zerlegt und danach der Eisenreifen wieder aufgeschrumpft werden. Die damalige Reiseliteratur war voll von Berichten über lange Zwangsaufenthalte bei Kutschenpannen, wenn nicht zufällig gerade ein passendes Ersatzrad gefunden wurde. Die

Betreiber des französischen Eilkutschen-Diensts namens Vélocifères betrachteten die Räder daher als Verbrauchsmaterial, das nach 5000 Kilometern gegen neues ausgetauscht wurde, worauf die alten Räder im örtlichen Frachtverkehr vollends verschlissen wurden. Für mehr seitliche Stabilität wurden zwei Speichenreihen favorisiert, deren viele Löcher aber die Nabe schwächten, weshalb man sie oft einreihig, aber versetzt anordnete. Dies war die Standardbauweise für Draisinen gewesen. Um der Nabenproblematik Herr zu werden, baute man sie dann aus Metall, oft aus Bronze, um die Reibung auf der Achse zu verringern. Damit war der Weg frei, auch an Speichen und Felgen aus Metall zu denken. Das erste französische Patent erhielt 1867 ein Louis Gonel, der als Speichen steife Metallröhren von zehn Millimetern Durchmesser vorschlug. Ein anderer, der spätere Flugpionier George Cayley, schlug bereits 1808 vor, Gummistäbe zu verwenden und so ein gefedertes Kutschenrad zu erhalten.

Den Pariser Velozipedbauern standen somit zwei unterschiedliche Konzepte für den Radbau zur Verfügung. Mit steifen Speichen wie bei Gonel konnte man davon ausgehen, dass die Speichen durch Druck belastet wurden: Grob vereinfacht stand die Nabe mit dem Gewicht des Wagens auf der jeweils nach unten weisenden Speiche. Die Gummispeichen wurden dagegen auf Zug belastet, denn bei jedem Druck wären sie seitlich ausgeknickt. Bei einem Gummispeichenrad hinge die Nabe mit dem Wagengewicht also an der jeweils nach oben weisenden Speiche. Aus dem Einsatz von Gummirädern an Kutschen ist schließlich nichts geworden, aber das Prinzip auf Zug belasteter Speichen tauchte schon 1806 in einem Patent für eiserne Karrenräder auf. Druckbelastete Speichen müssen massiv und dick sein, weil sie das seitliche Ausknicken verhindern müssen. Zugbelastete Speichen brauchen das nicht und können aus Stahl dünn wie Draht sein. Dass damit ein entscheidender Durchbruch zum Bau großer und dennoch leichter Räder möglich wurde, hatte ein Mechaniker in Paris erkannt. Er blieb über hundert Jahre lang ein Phantom in der Fahrradgeschichte, denn irgendjemand hatte seinen Namen falsch geschrieben: »Magee«. Die wenigen schriftlichen Hinweise besagten, ein Monsieur Magee habe das Zugspeichenrad erfunden, aber man fand in Paris keinen Monsieur Magee und kein Patent auf diesen Namen. Keizo Kobayashi, ein in Paris studierender Japaner, hat es letztlich in seiner Magisterarbeit von 1993 aufgedeckt: Monsieur Magee war in Wirklichkeit der gebürtige Elsässer Eugène Meyer (1844–1907).

Das bahnbrechende Drahtspeichenrad

Im November 1869 gab es im Pré Catalan von Paris eine Veloziped-Ausstellung, und das Fachblatt *Le Vélocipède Illustré* berichtete:

> *Monsieur Meyer präsentierte Stahlräder von extremer Leichtigkeit und Eleganz sowie Velozipede mit diesen Rädern. Es fällt schwer, sich etwas Glänzenderes*

als diese polierten Veloces vorzustellen. Die Speichen dieser Räder sind mittels Messingmuttern innerhalb der Nabe verschraubt. Diese Zweiräder sehen eher wie Juwelen denn wie Fuhrwerke aus. Es gab auch ein Kinderdreirad, ein wahres Wunder. Monsieur Meyer ist sich seiner Maschinen so sicher, dass er keine Minute zögert, diese in Rennen auf Geschwindigkeit oder Distanz selbst zu fahren. Er ist einer der gescheitesten Hersteller in Frankreich.

Meyer erkannte, dass man auch die Felge besonders leicht machen kann, da ihr die Zugspeichen strukturelle Stabilität verleihen. Bei Nachlassen der Spannung würde eine Fahrradfelge heute unter der Last des Fahrers zusammenbrechen. Inzwischen wurde auch Meyers französisches Patent von 1868 gefunden, worin er das Prinzip beschreibt:

Da alle Speichen gedehnt werden, können sie keiner Biegung unterworfen sein. Der Druck [die Last] wirkt stets vertikal und nach unten auf die Nabe, sodass die Drahtspeichen ihm nur unterliegen, wenn sie die Drehung des Rads in den oberen Bereich oberhalb der Horizontallinie bringt, welche durch die Radmitte läuft. Jene Speichen werden also nicht geknickt.

Das Drahtspeichenrad ist fürwahr eine Basisinnovation, die heute noch im Fahrradbau konkurrenzlos ist. Sein Prinzip fand in den 1920ern sogar in der Architektur Anwendung. Der amerikanische Designer Richard Buckminster Fuller entwickelte daraus eine Designstrategie namens »Tensegrität« und baute materialsparende Rundhäuser, die mit Stahlseilen an einem Zentralmast hingen.

Meyer konnte anfangen, das Vorderrad für mehr Geschwindigkeit größer zu bauen als die bisherigen neunzig Zentimeter Durchmesser. Er nahm damit die britischen Hochräder vorweg, die man bislang James Starley zugeschrieben hatte. Vom Deutsch-Französischen Krieg und der Pariser Kommune unbeirrt baute Meyer seine Hochräder bis 1883. Es gibt von ihm kein Porträt und nur zwei erhaltene Maschinen, dafür aber eine Lobpreisung durch den Journalisten Louis Baudry de Saunier:

> *Ein einziger Mechanikus von seltenem Talent, Monsieur Meyer, hat sich ganz in seine Werkstatt zurückgezogen. Er hat niemals Velozipede aus Holz gebaut, selbst 1869 nicht. Seine sind alle aus Metall, und selbst bei den Metallvelozipeden hat er noch folgende Verbesserungen erfunden: dass das Rückgrat nicht länger aus einem scharfkantigen Eisenstab gebildet wird, sondern aus einem zylindrischen Eisenrohr, und dass Speichen aus Stäben ersetzt werden durch Speichen aus Stahldraht. Er ist ein sehr geschickter Mann, aber auch sehr ängstlich. Er fürchtet, dass das Veloziped bloß eine Modeerscheinung ist wie die Krinoline. Für seine hübschen, leichten und stabilen Maschinen, welche die Sonne auf ihrem polierten Eisen spiegeln lassen, wartet er auf Aufträge wie ein Philosoph.*

Englands führender Kopf: James Starley

Dass die Stadt Coventry dem autodidaktischen Erfinder James Starley drei Jahre nach dessen frühem Krebstod mit 51 Jahren ein Denkmal setzte, belegt seine Bedeutung für das Industriewesen der Stadt und damit auch für die Rolle Englands als Fahrradnation Nummer eins auf eindrucksvolle Weise. Als Bauernsohn auf die Welt gekommen, musste er nach einem kurzen Schulbesuch schon bald auf dem väterlichen Hof arbeiten, bis er mit 17 Jahren in Richtung London ausriss und bei einem Fabrikanten als Untergärtner arbeitete. Parallel dazu erfand er aber auch schon einen verstellbaren Kerzenhalter, das Einschnur-Fensterrollo und eine selbstschaukelnde Kinderwiege zur Beruhigung der Kleinsten. Als die Fabrikantengattin von dem britischen Pionier Newton Wilson eine Nähmaschine erhielt, die kurz darauf jedoch Probleme machte, reparierte sie Starley nicht nur, sondern nahm sogar Verbesserungen daran vor. Darüber informierte der Fabrikant Wilsons Kompagnon, Josiah Turner, woraufhin Starley zu Wilson wechseln konnte. Er ließ seine Neuerungen patentieren und gründete zusammen mit Josiah Turner und weiteren örtlichen Kompagnons eigene Firmen in Coventry. Zuletzt die European Sewing Machine Corporation. Anfangs hatte er gerade einmal zwei Arbeiter und vier Lehrjungen, George Singer, Thomas Bayliss, William Hillman und William H. Herbert, die alle zu Größen der Fahrradindustrie werden sollten. Wobei George Singer nicht mit dem Nähmaschinen-Magnaten Isaac Singer verwechselt werden darf.

Starley produzierte hübsche Nähmaschinen wie die »Queen of Hearts« oder die »Europa«, die heute bei Sammlern begehrt sind. Die Geschäfte liefen blendend. So gab etwa Rowley Turner, ein in Paris lebender Neffe von Josiah Turner, fünfhundert Kurbelvelozipede in Auftrag, worauf sich die Firma umbenannte in Coventry Machinists Co. Ltd. Dort fanden die von der darbenden Uhrenindustrie Coventrys entlassenen Facharbeiter neue Arbeitsplätze.

Man folgte der Pariser Neuerung zu immer kleineren Hinterrädern, damals waren diese allerdings noch aus Holz. Während ihr Produkt in Paris weiterhin als »Vélocipède Américain« verkauft wurde, hieß es in England »The Coventry Bicycle«. Die Bezeichnung »Bicycle« blieb übrigens auch in Deutschland als Fremdwort erhalten, wodurch kuriose Satzbildungen wie folgende entstanden: »Der Bicyclist bicycelte auf seinem Bicycle nach Hause.« Erst 1885 lancierten deutsche Sprachschützer die Bezeichnung »Hohes Zweirad«, woraus später dann das »Hochrad« wurde.

Doch zurück ins Jahr 1870, als sich im August Pariser Rennfahrer, darunter der siegreiche James Moore, ins britische Wolverhampton zu einem Rennen auf der Radrennbahn im dortigen Molyneux-Park begaben. Moore fuhr ein Meyer-Velociped mit Drahtspeichenrädern und ließ dank seines großen Vorderrad-Durchmessers von 1,10 Meter die englischen Teilnehmer mit ihren 85-Zentimeter-Holzrädern deutlich hinter sich, wenn er auch kurz vor dem Ziel stürzte. Nur drei Tage später beantragten

Starley und Hillman ein Patent auf verbesserte Drahtspeichenräder und ein damit ausgestattetes Hochrad namens »Ariel« (nach dem Luftgeist aus Shakespeares *Der Sturm*). Bis zur Wiederentdeckung von Eugène Meyer hatte man geglaubt, dass das »Ariel« das erste Hochrad oder Bicycle gewesen sei.

Um sowohl das »Coventry Bicycle« mit Holzrädern als auch das »Ariel« produzieren zu können, gründete Starley mit Hillman eine neue Firma, die Surrey Machinists Company. In ständig neuen Firmenkonstellationen ging Starley konsequent seinen Weg weiter zu immer neuen Ideen.

Durch Erfahrung klug geworden, schob er zwei Jahre später das nächste Speichenpatent nach. Er hatte erkannt, dass die bisher strahlenförmig angeordneten Radialspeichen vom Drall der antreibenden Nabe übermäßig beansprucht wurden und schließlich nahe der Nabe brachen. Um die Speichen mehr dem realen Kraftverlauf entlang anzuordnen, erfand er das Tangentialspeichenrad, wie es bis heute noch unübertroffen ist und in Millionen Fahrrädern weltweit verbaut ist. Das damit ausgerüstete Bicycle nannte Starley kurzerhand »The Tangent«. Allein dafür steht ihm ein erster Platz im Erfinder-Olymp zu. Damals hatte um die Priorität ein veritabler Zeitungskrieg getobt, »the battle of the wheel«.

Unterdessen befeuerten die sportlichen jungen Engländer mit ihren Wettrennen – ob privat oder öffentlich – die Nachfrage nach den neuen Bicycles. Weitere Firmen wurden in Coventry gegründet, das damit die Depression überwinden und zum Weltzentrum der Fahrradszene werden konnte. James Starley und sein Sohn James jr. hatten auch die Frauen nicht vergessen und bauten nun ein einzigartiges patentiertes Dreirad, das »Coventry Lever Tricycle«. Man saß nicht auf, sondern etwas tiefer neben dem hohen Antriebsrad. In einer zweiten Spur auf der anderen Seite liefen zwei kleine Räder vorn und hinten, wobei beide mit einer Art Spatengriff gelenkt werden konnten. Mit den Füßen wurde in Hebel getreten. Dieses standfeste, da zweispurige Erfolgsmodell für Damen und ältere Herren erschloss neue Käuferschichten, die aus Furcht vor einem Sturz vom Hochrad gern den hohen Preis bezahlten.

Weitere zwei Jahre später rüsteten Starley und sein Sohn das Dreirad auf Kettenantrieb mit Pedalkurbeln um, genannt »Coventry Rotary Tricycle«. Die hier zum ersten Mal benutzte Fahrradkette sollte bald die gesamte Fahrradtechnik revolutionieren. Das Tricycle konnte noch um ein Anbauteil ergänzt werden: ein großes Treibrad mit Kette, Pedalkurbeln und Fahrersitz. Angebaut entstand so das vierrädrige »Coventry Sociable« für zwei Fahrer, die jeder ein eigenes Rad antrieben. Starley und sein Sohn sollen darauf einmal eine steile Strecke gefahren sein, beide heftig pedalierend, was durch ihre unterschiedliche Tretstärke zu ständigen Richtungswechseln führte. Es muss in Starley sr. gearbeitet und gebrodelt haben, denn irgendwann rief er lauthals: »Steig ab, ich hab's.« Woraufhin er kurzerhand das Differential skizzierte. So zumindest will es die Legende. Die Idee selbst war aber schon seit 1827 in der Welt.

Das Problem des Kurvenfahrens der dreirädrigen oder vierrädrigen Fahrzeuge war damit elegant gelöst: Das innere Treibrad drehte sich nun langsamer oder blieb stehen, während das äußere sich schneller drehte.

Das Differential wurde sogleich in der Firma seines Neffen John Kemp Starley, Starley & Sutton, in ein Tricycle eingebaut. Dieses »Tricycle No. 1« war ein Hintersteurer-Dreirad: zwei große Antriebsräder vorn, ein kleines lenkbares Rad hinten. Aber Starley & Sutton hatten auch Vordersteurer-Dreiräder im Programm, das »Tricycle No. 2« oder später das »Salvo«, bei denen das kleine lenkbare Rad vorn lief. Nachdem Queen Victoria sich zwei davon bestellt hatte, durften sie es sogar als »Royal Salvo« bewerben. Mit zwei Sitzen nebeneinander wurde es zudem als »Meteor Sociable« verkauft, das dem späteren Motoren-Veloziped (oder Patentmotorwagen) von Karl Benz zum Verwechseln ähnlich sah. Im Jahr 1884 kam dann noch ein Leichtbau-Hintersteurer-Einsitzer hinzu, der einen Namen trug, der heute noch mit Coventry in Verbindung gebracht wird, wenn auch als Geländeauto: der »Rover«. Im Jahr darauf ging dieser Name auf das Niederrad mit Kette zum Hinterrad über, welches den Trend für die Welt setzte, wie die Fahrradpresse damals schrieb. Das lässt sich noch heute erkennen, beispielsweise im Polnischen, wo das Wort für Fahrrad »Rower« lautet.

Dieser Schnelldurchgang durch die Produktgeschichte von 1870 bis 1885 zeigt vor allem eines: die einzigartige Vision und Problemlösungsfähigkeit eines Mannes und seiner Familie, welche praktisch im Alleingang die Fortentwicklung und Differenzierung der Velozipede vom Hochrad zum Pedaldreirad bis hin zum Niederrad bewerkstelligten.

Hochrad für Jung, Dreirad für Alt

Tatsächlich waren die ständig verfeinerten Bicycles und die vielfältigen Tricycles aber das Produkt vieler Hirne und Hände. Auf Coventry folgten Birmingham oder Leeds als Entwicklungszentren. Eine veritable Hightech-Industrie abseits der Dampfmaschinen- und Eisenbahntechnik entstand, die sich wechselseitig inspirierte oder arbeitsteilig belieferte. Ein neuer Typus von Herstellern wurde jetzt gebraucht: nicht mehr der Wagner und Kutschenbauer, sondern der Feinmechaniker und Büchsenmacher. Es ging darum, die eisernen Rahmen durch Aushöhlen leichter zu machen oder von vornherein leichtere Stahlrohre zu verbauen, wofür Blechstreifen gewendelt aneinander geschweißt wurden. Noch gab es Firmen, die alles bis zur letzten Schraube im Hause fertigten. Doch die arbeitsteilige Produktion von standardisierten Komponenten nahm zu, zumal man die Fertigteile auch in Länder exportieren konnte, die selbst mit der Bicycle-Herstellung gerade erst begannen. Hunderte von Patenten wurden entwickelt, darunter manch triviale, aber auch viele grundlegende, besonders Bauteile wie Kugellager, Rohrrahmen, Hohlgabeln, Käfigpedale, Hohlfelgen und abnehmbare Lenker fielen darunter. Das britische Patentamt gab 1886/1887 zwei Bände allein mit Fahrradpatenten heraus.

Das Bicycle stellte als Hochrad eine besondere Herausforderung für seinen Fahrer dar. Das Aufsteigen konnte nicht über die Pedale erfolgen, weil diese ja mit dem Vorderrad starr verbunden waren und es arretiert hätten, während man doch eine gewisse Anfangsgeschwindigkeit brauchte, um balancieren zu können. Also musste man nach dem Anschieben flugs über eine Fußraste am Rahmen aufsteigen, sich auf den Sattel setzen und versuchen, mit den Füßen auf die herumwirbelnden Pedale zu gelangen. Einmal oben, war die Übersicht über das Geschehen allerdings hervorragend und das Fahrerlebnis dank des großen Raddurchmessers und der Vollgummireifen berauschend. Man fühlte sich als »king of the road«, als König der Straße, wie eine Öllampen-Marke für Hochräder hieß. Ein Zeitzeuge erinnerte sich euphorisch:

> *Die Sitzposition so hübsch ausbalanciert, fast auf nur einem Rad – das Fehlen eines Rads davor, also nicht so Schubkarren-artig – die freiwogende Rollbewegung, die sich so ergab, Alles gab dem Treten oder Rollenlassen darauf einen besonderen, ganz eigenen Scharm und bot Erlebnisse, die alle, die solche geniessen konnten, zu den schönsten ihres Lebens zählen.*

Aber auch das Absteigen wollte gelernt sein. Mark Twain beschrieb seinen Fahrunterricht auf seine ganz eigene launige Art: Man solle versuchen, »immer auf etwas Weichem abzusteigen – manche Leute empfehlen ein Federbett, aber ich finde einen Experten besser.« Er sei nämlich mehrmals beim Absteigen auf seinen Fahrlehrer gestürzt. Aufgrund der großen Höhe verliefen Stürze nicht immer glimpflich, Knochenbrüche waren nicht selten, die Sturzgefahr infolge der Hochrad-Ergonomie stets latent vorhanden. Denn für eine hohe Treteffizienz wollte man möglichst vertikal über den Pedalen sitzen und der Sattel war entsprechend weit vorn auf dem Rahmen angebracht. Die tückische Folge war, dass beim leisesten Widerstand auf der Straße, etwa einem Stein oder Ast, der Fahrer mitsamt dem Rahmen einen Überschlag nach vorn machte – den gefürchteten »header« oder »crowner«. Der Lenker hielt zudem die Beine zurück, sodass ein Sturz aufs Gesicht nicht mehr zu verhindern war. Letzterem versuchte man durch eine Schnellauslösung der Lenkstange zu entgehen, die versprach, den Sturz in einen eleganten Sprung auf die eigenen Füße zu verwandeln – mit der losgelösten Lenkstange noch in den Händen. Aber auch durch zu heftiges Bremsen des Vorderrads mit der Löffelbremse konnte ein Kopfsturz erfolgen. Bremsen des Hinterrads wäre wegen der geringen Belastung desselben wirkungslos gewesen und war deshalb gar nicht vorgesehen. Wenn bei Bergabfahrten die Bahn frei erschien, legten die Hochradfahrer ihre Beine über den Lenker, sodass die Pedale frei herumwirbeln konnten. Bei einem Sturz konnte man sich so wenigstens vom Hochrad befreien, statt aufs Gesicht zu fallen. Allerdings war es dadurch auch unmöglich, die Kontrolle zu behalten und durch Gegenhalten die

Geschwindigkeit zu verringern. Der britische Gesetzgeber erließ folgerichtig ein Verbot des »freifüßigen« Fahrens. Aber natürlich machte die Gefahr das Bicycle für die jungen Männer nur umso interessanter. Stolz berichteten sie in den neuen Fahrradzeitungen von überstandenen Stürzen.

Die Straßen wurden nur langsam besser, aber innerorts war die Obrigkeit das größere Hemmnis. Die Bicyclisten schlossen sich deshalb zu Vereinen zusammen, aber auch um gesellige Ausfahrten zu veranstalten – meist zu einem Landgasthof und abends wieder zurück. Dabei galten allerlei Regularien: Alle Teilnehmer trugen die einheitliche Club-Uniform und befolgten die per Bügelhorn erteilten Signale des Kapitäns an der Spitze. Dieses Bügelhorn wurde später im Auto zum fest installierten Ballonhorn und gilt heute noch als Symbol für die Autohupe. Die Ausflüge als Gruppe boten auch einen Schutz vor der Landbevölkerung, welche die ungewohnten Eindringlinge manchmal mit Steinen bewarf oder für überfahrenes Geflügel nicht nur finanziell Satisfaktion einforderte. Für die Landgasthöfe, die infolge der Eisenbahn den Postkutschen-Halt vor dem Haus verloren hatten, war dieser neue Straßentourismus aber natürlich ein Segen.

Die Club-Mitgliedschaft war allerdings eine exklusive Angelegenheit, man musste von einem Mitglied vorgeschlagen werden und natürlich auch das Geld für Club-Uniform und Mitgliedsgebühren aufbringen können. Dafür erhielten die Mitglieder, etwa die des 1878 gegründeten Bicycle Touring Clubs, der als Cyclists' Touring Club

(CTC) noch heute existiert, unter anderem oft Rabatte in ausgewiesenen Hotels. Darüber hinaus ließen die Clubs Straßen pflastern, stellten Warnschilder an gefährlichen Stellen auf und organisierten ein Netz von Mechanikern, die Pannendienste leisteten.

Die Rennclubs beschäftigte jahrelang, wie man am besten Amateur-Herrenfahrer und Berufsrennfahrer voneinander trennen konnte. Die Herrenfahrer wollten nämlich mit den Proletariern, die des schnöden Mammons wegen an Rennen teilnahmen, nichts zu tun haben. Denn wie bei den Pferderennen gab es Sportwetten und Preisgelder auch bei den Bicycle-Rennen. Ein idealtypischer Herrenfahrer im britischen Königreich war der Schotte Ion Keith-Falconer, der nach seinem Abschluss in Arabistik an der Universität Cambridge nahezu unschlagbar geworden war und 1879 in einem Zweikampf sogar den besten Berufsfahrer John Keen besiegte. Keen war selbst Bicycle-Hersteller, wovon es 1880 mehr als hundert im Königreich gab, zwölf davon allein in Coventry. Der Stanley-Club, benannt nach dem bekannten Afrikaforscher Henry Morton Stanley, sponserte ab 1878 die jährliche Stanley-Show im Londoner Kristallpalast, damals die größte Fahrradmesse der Welt.

Nicht von den Pferden, sondern von den Schnellläufern abgeschaut war das Ausdauerfahren der Six-Days. Ursprünglich ging es darum, welcher Läufer in einer Halle wie viele Runden laufen konnte, ohne vor Erschöpfung zusammenzubrechen – und dies sechs Tage lang mit nur kurzen Schlafzeiten (sechs Tage, um die kirchliche

Sonntagsruhe einzuhalten). Oft war dabei am Ende nur noch ein einsamer Läufer unterwegs. Die erste derartige Veranstaltung mit mehreren Bicyclisten fand 1878 in der Agricultural Hall im Londoner Stadtteil Islington statt, wobei täglich 18 Stunden gefahren wurde – von sechs Uhr in der Früh bis Mitternacht. Wer zuerst tausend Meilen erreichte, war Sieger und erhielt zweihundert Pfund Sterling Preisgeld.

Während in Paris trotz Siebzigerkrieg und Kommune die hohen Kurbelvelozipede weiterhin gebaut wurden, von Eugène Meyer und anderen, war in den Vereinigten Staaten der Stillstand nach dem Fiasko von 1870 selbst ohne Krieg ein totaler gewesen. Einige Wiederbelebungsversuche durch Wettkämpfe blieben erfolglos. Auf den Straßen setzten sich die letzten unentwegten Fahrer sogar der Verfolgung durch Straßenjungen aus. Die in England boomenden Bicycles sah man dort allenfalls in Zirkusshows. Dies änderte sich erst 1876, als auf der Weltausstellung in Philadelphia anlässlich der Hundertjahrfeier der Verfassung britische »Ariel«-Bicycles ausgestellt wurden. Eines davon hatte ein riesiges Vorderrad mit einem Durchmesser von 2,10 Metern. Ein 33-jähriger Hersteller von Luftpistolen, Zigarettenrolletuis und Schuhbeschlägen namens Albert Pope besuchte als Stadtrat seines Heimatorts Newton die Ausstellung und war von den Bicycles fasziniert: »Sie zogen meine Aufmerksamkeit derart an, dass ich dieser Ausstellung viele Besuche abstattete, wobei ich mich fragte, ob außer trainierten Turnern irgendjemand sonst ein derart seltsames und offensichtlich unruhiges

Gefährt meistern könnte.« Pope kannte noch das Fiasko der Kurbelvelozipede sieben Jahre zuvor: »Wir erinnerten uns des alten Velozipeds und wie rasch seine Existenz beendet war. Ich wusste, wie viel Geld bei seiner Herstellung verbrannt worden war.« Als er im nächsten Jahr einen Gast aus der englischen Fahrradbranche beherbergte, ließ dieser ihm von einem örtlichen Mechanikus in drei Monaten ein Bicycle bauen und brachte ihm das Fahren bei. Dann begann Pope, die Bicycles »Duplex Excelsior« der britischen Marke Bayliss zu importieren, einem in Boston ansässigen Konkurrenten folgend, der gleich auch noch die erste amerikanische Fahrradzeitung und einen Bicycle-Club gegründet hatte. Pope zog mit einem eigenen Club nach und beschloss, zur Vermeidung von Fracht und Importzöllen die Bicycles im Land herzustellen. Den Nähmaschinenherstellern ging es gerade schlecht, und so war die Weed Sewing Machine Company in Hartford (Massachusetts) gerne bereit, das Bayliss-Modell nachzubauen. So konnte das Pope-Bicycle für neunzig Dollar angeboten werden, wogegen britische Import-Bicycles 125 Dollar kosteten. Es waren Luxusartikel, denn ein Arbeiter verdiente damals durchschnittlich 1,30 Dollar am Tag.

Pope hatte das nötige Kleingeld und die taktische Chuzpe, das allumfassende Lallement-Patent in seinen Besitz zu bringen. Damit hatte er ein Monopol und verlangte zehn bis 15 Dollar pro Stück von den Konkurrenten, aber auch von Privatleuten, die ein britisches Bicycle aus England mitbrachten. Vier Jahre nach dem Ausstellungsbesuch fand er schließlich einen Markennamen für seine

Bicycles: »Columbia«, nach der projektierten nächsten Weltausstellung zum 400-jährigen Jubiläum der Ankunft von Kolumbus in Amerika.

Anders als die bisherigen Konkurrenten hatte Pope auch Ideen, wie man die Nachfrage ankurbeln könnte. Er war ein Anhänger massiver Anzeigenwerbung, daher kannte jeder Junge selbst an der Westküste die Pope Manufacturing Company. Pope belieferte die Zeitungen ständig mit Fahrradnachrichten, gründete aber auch eigene Zeitschriften wie *Outing* für Lifestyle-Sportarten, die ab 1882 über die Weltumrundung des Thomas Stevens – natürlich auf einem verchromten Columbia »Expert« – laufend berichtete. Mutterseelenallein und nur mit einem Smith-&-Wesson-Revolver in der Lenkertasche wagte sich Stevens durch feindselige Landstriche und kam nach zwei Jahren heil zurück. Er konnte sich in der Folge durch seine Abenteuergeschichte als Reiseschriftsteller und Bestsellerautor etablieren. Die Völker Asiens sahen zum ersten Mal das Hightech-Fahrzeug aus Amerika, das sich im Abendland anschickte, das Reitpferd zu ersetzen. »Sein Pferd, es frisst nichts, trinkt nichts, wird nimmer müde und geht wie der wirkliche Teufel«, beobachteten Bewohner der türkischen Insel Büyükada. Als Stevens in Konstantinopel einen neuen Revolver kaufen musste, warf er ein für seine deutschen Leser sicher unangenehmes Schlaglicht auf die deutsche Industrie von damals:

Ich fand in den Läden zu Konstantinopel eine Menge von trefflich gearbeiteten deutschen Nachahmungen des Smith & Wesson-Revolvers. Aber einerseits ist es die Pflicht jedes Engländers oder Amerikaners, die Gewissenlosigkeit deutscher Fabrikanten, welche für die Hälfte des Geldes fremde Märkte mit dem überschwemmen, was, nach dem Äußeren zu urteilen, genaue Nachahmung unserer eigenen Ware ist, nach Möglichkeit nicht zu unterstützen. Andererseits ist ein echter amerikanischer Revolver eben doch etwas Besonderes, und ich zauderte keinen Augenblick, den Preis für die echte Ware zu zahlen.

All das Marketing zeigte Wirkung, und das Bicycle wurde so zum Hightech-Statussymbol gut betuchter junger Amerikaner. Wo es die Umgebungsstraßen der Städte zuließen, fuhr man sogenannte »Centuries«, 100-Meilen-Touren, also 160 Kilometer hin und zurück. In vielen Städten endeten die gepflasterten Straßen allerdings bereits am Ortsende, für alles Weitere waren Eisenbahn oder Flussdampfer zuständig. Noch in den 1890ern beklagten sich zwei Ausflügler aus dem Staat Virginia:

Mein Begleiter und ich brauchten einen ganzen Nachmittag für vierzehn Meilen und gaben schließlich verzweifelt auf. Alle paar Minuten musste man absteigen, um den Schlamm aus der Vorderradgabel zu entfernen, damit sich das Rad drehen konnte.

Eine durchgehende Straße von Westküste zu Ostküste gab es nicht, weshalb Stevens die anfängliche Durchquerung

Amerikas zum großen Teil auf dem Eisenbahndamm zurücklegen musste, manchmal erleichtert durch eine fortlaufende Holzbohle in der Gleismitte. So lag es für Pope nahe, auch das Straßenproblem in Angriff zu nehmen. Er unterstützte Bicyclisten vor Gericht, gab Startfinanzierungen für Straßenbau-Institute an Technischen Hochschulen wie dem Massachusetts Institute of Technology und startete zusammen mit der League of American Wheelmen die Good-Roads-Kampagne. Es folgte 1893 eine Unterschriften-Aktion für ein Straßenamt auf Bundesebene, die als »monster petition« in die Geschichte einging und heute im Archiv von Washington liegt – zwei meterhohe Holzspulen mit den endlos zusammengehefteten Petitionsblättern und 150 000 Unterschriften. Die Farmer waren jedoch gegen den Straßenbau, da ihnen die Eisenbahn für den Viehtransport zu Chicagos Schlachthöfen genügte. Pope erreichte immerhin die Einrichtung eines Zwei-Mann-Büros zur Untersuchung der Straßensituation, was sich später zugunsten der Automobile auswirken sollte. Nicht immer brachten die Funktionäre der League of American Wheelmen Radrenn-Förderung und Gute-Straßen-Lobbyarbeit in Einklang, so ein Vorsitzender aus Michigan:

> *Es macht ebenso wenig Sinn, dass die L.A.W. Radrennen organisiert, wie wenn die Geflügelzüchter-Genossenschaft Hahnenkämpfe oder die Milcherzeuger-Genossenschaft Stierkämpfe veranstalten würde.*

Zusätzlich baute Pope ein Händlernetzwerk auf, durch das es möglich wurde, Bicycles auf Raten zu kaufen, überall zum selben Preis, unabhängig vom Transportweg. Viele seiner Vertriebsmethoden wurden später vom Automobilhandel übernommen. Die Werke in Hartford wurden laufend erweitert, zum Beispiel um ein eigenes Röhrenwerk, zunächst in Kooperation mit den Brüdern Mannesmann aus Düsseldorf, bis ein amerikanisches Patent dasjenige der Mannesmanns umging. Wie der Anstieg von fünfzig produzierten Bicycles im Jahr 1878 auf 5000 im Jahr 1888 belegt, machte Pope alles richtig.

Bicycles im Deutschen Reich

Wie in die USA und nach Frankreich kamen Bicycles im neuen britischen Stil erst 1878 ins Kaiserreich. In Dortmund gründete ein F. H. Dissel die »älteste und größte Deutsche Velociped-Fabrik« Dissel & Proll, bei der auf einer überdachten Bahn auch Fahrunterricht genommen werden konnte. Die Firma produzierte wohl bis 1887 – mehr ist über diesen Pionier bislang leider nicht bekannt. So konnte es geschehen, dass weithin Heinrich Kleyer als der erste Hersteller im Kaiserreich galt, zumal er sich als ebenso umtriebig wie sein Vorbild Pope erwies. Als fünftes Kind eines Mechanikers in Darmstadt geboren, konnte er die väterliche Maschinenfabrik nicht erben, sondern studierte und ging als Angestellter eines Hamburger Maschinenhandels wegen Patentfragen in die

USA. Am Unabhängigkeitstag 1879 sah er in Boston ein von Pope veranstaltetes Bicycle-Rennen. Angesichts der Hightech-Flitzer war er augenblicklich »bitten by the bug«, wie die Amerikaner sagen. Zurück in Deutschland machte er sich in Frankfurt 1880 mit einer Maschinen- und Veloziped-Handlung selbständig und importierte Bicycles und Tricycles von Starleys Firma Coventry Machinists Company, von Singer & Co. und von Harold & Co. Schon im Jahr darauf ließ er eigene Bicycles von der Eisengießerei Spohr & Krämer bauen, die auch Untergestelle für Nähmaschinen goss. Kleyers Eigenmarke hieß erst »Frankfurt«, dann »Herold«. Außerdem gründete er den noblen Frankfurter Bicycle Club und fuhr selbst 23 Rennen. Der Nähmaschinenfabrikant Adam Opel orderte bei Kleyer Bicycles für seine fünf Söhne, die dann allesamt als Club-Mitglieder Rennen fuhren. Es verwundert nicht, dass daraufhin ab 1886 auch in Rüsselsheim Bicycles gebaut wurden, wie etwa die Marke »Merkur«. Weiter südlich nahm die Neckarsulmer Strickmaschinenfabrik AG 1885 die Fertigung eines Bicycles namens »Germania« auf. Österreich-Ungarn hatte damals die Einfuhrzölle drastisch erhöht und dadurch den Strickmaschinen-Export aus Neckarsulm einbrechen lassen.

Aber auch britische Firmen waren schon länger im Reich aktiv, etwa die in Berlin ansässige Niederlassung der Howe Machine Company Ltd. aus Glasgow, ein Zweigwerk des amerikanischen Nähmaschinenerfinders. Thomas Henry Sumpter Walker, ihr Agent in Berlin, kann mit Fug und Recht als der Vater des deutschen Radrennsports bezeichnet werden, denn 1881 gründete er den Berlin Bicycle Club, später umbenannt in Erster Berliner Bicycle-Club. Darüber hinaus gab er als Redakteur die erste deutsche Fahrradzeitung namens *Das Velociped* heraus. Damit nicht genug gab er die Reihe *Radfahrers Jahrbücher* heraus und übersetzte die Trainingsanleitung seines Freundes George Lacy Hillier ins Deutsche. Clubstreitigkeiten zwischen Nord und Süd, die bis vor das Gericht gingen, versuchte er lange zu moderieren, bis er sich mit 34 Jahren entnervt nach London absetzte, wo sich seine Spur verliert.

In der Textilstadt Bielefeld begann die Nähmaschinenfabrik Dürkopp & Co 1886 Bicycles zu produzieren, unter anderem mit einem Modell »Merkur«. Nikolaus Dürkopp soll trotz Volksschulbesuch zeitlebens Analphabet geblieben sein. Aber seine Firma entwickelte sich zum größten Hersteller Bielefelds, seit der Textilfabrikant Richard Kaselowsky, der reichste Mann am Ort, eingestiegen war. Es folgten weitere Firmengründungen in Bielefeld, das dadurch schließlich zum deutschen Zentrum der Fahrradindustrie gedieh. Der Anfang in Bielefeld war 1882 die Gründung des Bielefelder Velociped-Club gewesen, durch einige hochradbegeisterte junge Männer mit überwiegend gut betuchtem Hintergrund. Zwei davon, der Unternehmer Richard Nagel und der Handlungsgehilfe Georg Rothgiesser bei Dürkopp, gründeten die Firma Nagel & Co. zur Herstellung von Klingeln, Gepäckhaltern, Werkzeug und Schnursätteln – nach Rothgiessers Patenten. Rothgiesser entwickelte sich danach zu einem wahren Multitalent und wurde erster Redakteur des Branchendiensts

Der Radmarkt, der noch heute erscheint. Neben seiner Teilnahme an Radrennen gab er *Radfahrers Cicerone* heraus, ein Radfahrer-Kartenwerk für das gesamte Reich im Maßstab 1:500 000. Sodann ließ der Erfinder ein Sicherheitszweirad System Rothgiesser patentieren, das er mit seiner Kommanditgesellschaft Merkur in Essen baute. Es wurde bei starrem Lenker über den Sattel gesteuert. Nach fünf Jahren stieg er aus und wirkte in Berlin bei den Stern-Fahrradwerken. Er nannte außerdem zwei Verlage sein Eigen, in denen unter anderem seine *Phonographische Zeitschrift* erschien. Jüngst wurde dem später in Theresienstadt umgekommenen Erfinder und Redakteur in Bielefeld die ihm gebührende Ehre erwiesen, indem ein Platz nach ihm benannt wurde.

Die Motorisierung

Noch einmal zurück zum Frankfurter Heinrich Kleyer, dessen Bicycles und Tricycles in Mannheim von der Maschinenhandlung der Herren Max Rosé und Friedrich Esslinger vertreten wurden. In der aufstrebenden Binnenhafenstadt gab es sicher auch Kunden für die teuren Tricycles von Starley & Sutton, sodass wohl das eine oder andere nach Mannheim verkauft wurde. Der Graf von Fürstenberg besaß etwa ein Vordersteurer-Tricycle »Royal Salvo«, das noch in den Donaueschinger Sammlungen zu sehen ist. Aber auch das dreirädrige »Sociable« mit zwei Sitzen nebeneinander muss präsent gewesen sein. Im britischen Königreich hatte sich eine beträchtliche Nachfrage nach solchen Pedaltricycles entwickelt, viele betuchte Untertanen nahmen sich also Queen Victoria zum Vorbild, zumindest gibt es historische Photos zuhauf. Es war auch für Männer nur allzu bequem, auf solch ein standfestes Gefährt aufzusteigen und sich gemütlich ein Pfeifchen anzuzünden, während beim Bicycle mit dem Aufsteigen sofort der Kampf ums Gleichgewicht, also quasi ums Überleben begann. Auch für den Lastentransport waren die Tricycles einfach besser geeignet, sodass Kaufhäuser und andere Zustelldienste sich welche zulegten – sogar die Post experimentierte damit. Ihr Kettenantrieb gab mehr konstruktive Freiheit, und so wurde ein beeindruckendes Spektrum von Pedaltricycles entwickelt, sogar Quadricycles, Tandems, Tridems, sodass auf der Stanley-Show von 1883 mehr neue Tricycle- als Bicycle-Modelle zu sehen waren. Alles deutete darauf hin, dass die Zukunft den Tricycles gehörte.

In Mannheim hatten mittlerweile die Maschinenhändler der Kleyer-Bicycles und -Tricycles einen jungen Ingenieur namens Karl Benz kennengelernt, der die Kompagnons seiner bisherigen Gasmotorenfabrik loswerden wollte und mit den beiden die Rheinischen Gasmotorenwerke gründete. Die Gasmotoren sahen noch wie Dampfmaschinen aus, schwere Gussteile und ein großes Schwungrad auf einem gemauerten Sockel. Ihr Vorteil war, dass sie ans städtische Gasnetz angeschlossen werden konnten und nur Kosten verursachten, wenn sie tatsächlich auch arbeiteten. Die Dampfmaschine musste dagegen den ganzen Tag durch Nachschaufeln von staubiger Kohle geheizt werden. Wo ein Gaswerk fehlte, konnte man auch schon Gasmotoren mit Benzol betreiben; allerdings kam es dabei immer wieder zu Explosionen. Außerdem verursachten die Benzoldämpfe heftige Kopfschmerzen. Seit seinem rauschhaften Fahrerlebnis auf dem Kurbelveloziped dachte Benz daran, einen kleinen Benzolmotor in ein Tricycle einzubauen. Als er nun im Leib- und Magenblatt der Techniker, dem *Scientific American*, las, dass der Amerikaner Curtis Warrington sich 1880 ein Tricycle mit Gasmotor und großem ledernem Faltenbalg als Gastank hatte patentieren lassen, war Eile geboten. Er bestellte die hinteren großen Speichenräder bei Kleyer und hing sie an die Fabrikwand, bis er seine Kompagnons so weit hatte, dass sie ihn neben dem Tagesgeschäft seinen Prototyp bauen ließen. Vom Kaufmann Josef Brecht, der von Rosé zur Gasmotorenfabrik gewechselt war und dessen Bruder als Prokurist bei Kleyer diente, wissen wir, dass Benz ein dreirädriges »Sociable« auslieh, vermutlich ein »Salvo« von Starley & Sutton, mit zwei Personen besetzte und an einer Federwaage hinter sich herzog, um den Rollwiderstand und damit die erforderliche Leistung für den zu bauenden Kleinmotor zu bestimmen. Benz ließ wohl auch den Rohrrahmen bei Kleyer bauen, nahm ein Patent und fuhr dann 1886 mit dem Prototyp in Mannheim herum. Die Zeitungen nannten das Fahrzeug »Motoren-Veloziped«, Benz selbst dagegen »Patentmotorwagen«, weil er die zahlungskräftigen Kutschenhalter für den kostspieligen Pferdeersatz gewinnen wollte. Diese dachten aber nicht im Traum daran, ihr Statussymbol aufzugeben, wie Benz selbst einmal erzählte:

> *Wenn ich erklärte, ein Wagen dieser Art werde zweitausend bis dreitausend Mark kosten, so wurde mir regelmäßig erwidert: »Bevor man sich auf einen Maschinenwagen setzt, kauft man sich doch lieber Chaise und Pferde, das sieht viel feiner aus als solch ein Fuhrwerk«.*

Bei den nächsten Prototypen nahm er denn auch die Veloziped-Anmutung immer mehr zugunsten einer Kutschen-Anmutung zurück, etwa durch hölzerne Speichenräder und ein Verdeck. Und 1892 stellte dann die vierrädrige »Benz-Victoria« eine Kutsche vom »Victoria«-Typ dar, nur eben mit Motor. Bis in den Ruhestand sollte es sein Lieblingsfahrzeug bleiben. Das Fahrradhandelsblatt *Radmarkt* hat dagegen seinerzeit Kritik geübt:

> *Ein Fahrrad mit Petroleum-Motor wird jetzt von der Firma Benz & Co. in Mannheim auf den Markt gebracht. Wie vorauszusehen, ist es nicht gelungen, den Wünschen, die Laien oft äußern, zu entsprechen. Gewicht und Größe machen das Fahrzeug eben zu einer Kutsche, der es dann auch sehr ähnlich sieht.*

Genau dies fiel auch dem jungen Kaufmann Brecht bei Benz & Co. auf und er drängte darauf, sich mit einem leichten Fahrzeug in Fahrrad-Anmutung an die Avantgarde der Bicyclisten und Tricyclisten statt an die Kutschen-Snobiety zu richten. Und siehe da: Plötzlich lief der Verkauf so gut, dass das »Benz-Veloziped« in Serie und auf Vorrat gebaut werden konnte – zusammen mit der Folgeversion »Benz-Comfortable« rund 1200 Mal.

Im Dritten Reich wurde die Herkunft des Autos vom Tricycle und von der Fahrradtechnik generell übrigens aus propagandistischen Gründen nie erwähnt. Das Automobil von Benz und Daimler bzw. Maybach sollte als quasi aus dem Nichts entstandener Ausdruck germanischer Genialität gelten. Eine Verneigung vor den Technikern Englands, das damals gern als »perfides Albion« bezeichnet wurde, sollte unterbleiben. Dazu mussten die Pedaltricycles aus dem kurzen Gedächtnis der Deutschen gelöscht werden, was Wilfrid Bade, Ministerialrat in Goebbels' Propagandaministerium mit seinem Roman *Das Auto erobert die Welt* gerne leistete. Zur Verschleierung wurden dann auch neue Sprachregelungen eingeführt: Das »Benz-Veloziped« wurde nur noch als »Benz-Velo« geführt in der Erwartung, dass die Bürger nicht wussten, dass das Fahrrad in der Schweiz und in Frankreich seit eh und je als Velo bezeichnet wird. Dies ging so weit, dass Maybachs vierrädriges »Daimler-Veloziped« gar in »Stahlradwagen« umbenannt wurde.

Die Benzschen Verdienste um den Kompaktmotor und den Antriebsstrang sind prinzipiell groß genug und brauchen eigentlich nicht auch noch auf die Tricycle-Karosserie ausgedehnt zu werden, mit der siebzig Jahre Fahrradgeschichte in die Automobilgeschichte einflossen. Amerikanische Technikhistoriker wie der Automobil-Historiker James J. Flink haben damit allerdings kein Problem:

> *Keine frühere technische Innovation – nicht einmal der Verbrennungsmotor – war für die Entwicklung des Automobils so wichtig wie das Fahrrad. Erfolgselemente der Automobiltechnik aus der Fahrradindustrie waren Stahlrohr-Rahmen, Kugellager, Kettenantrieb und das Differential [von Tricycles] und ganz besonders der Fahrradpneu. Die Fahrradindustrie entwickelte auch die Verfahrenstechnik der Serienproduktion mittels spezieller Werkzeugmaschinen, Blechpressen und dem Lichtbogenschweißen für die spätere Automobilproduktion. Viele der wichtigsten Autohersteller waren zuvor Fahrradfabrikanten … Doch der wichtigste Beitrag des Fahrrads war, einen enormen Bedarf nach individuellem Langstreckenverkehr geschaffen zu haben, der erst durch das massenhafte Aufkommen motorisierter Fahrzeuge befriedigt werden konnte.*

Doch noch einmal zurück ins Jahr 1882, als nur Bicycles, Tricycles und Pferdefuhrwerke die Straßen bevölkerten. Im Wirtschaftskrieg mit Großbritannien und den USA kochten seit der Reichsgründung die Emotionen hoch – die deutsche Sprache sollte von allen Anglizismen gereinigt werden. Das 1882 erschienene *Wörterbuch von Verdeutschungen entbehrlicher Fremdwörter* von Hermann Dunger hatte jedoch für das »Velociped« nur den Ersatz »Reitrad« anzubieten. Darauf folgte der Würzburger

Velociped-Club, der sich 1884 als Erster in Radlerverein umtaufte – offensichtlich beeinflusst von den amerikanischen Wheelmen, den Radmännern. Dabei steht »radeln« beispielsweise im *Bayerischen Wörterbuch* von damals für »im Rade/Kreise drehen, z.B. ein Fass, ein Mädchen beim Tanze«. Mit der Gründung eines Dachverbands für die vielen lokalen und regionalen Clubs wurde der Vereinsname kontrovers diskutiert – 1884 setzte sich schließlich die Bezeichnung Deutscher Radfahrer-Bund durch. Das »unsinnig, falsch, ausländisch, hässlich klingende« Wort »Velociped« war jedenfalls erledigt, sodass auch das Bundesorgan *Der Velocipedist* hinfort als *Der Radfahrer* erschien. Dabei hatte das Wort »Radfahren« siebzig Jahre zuvor, wie ganz zu Anfang erwähnt, noch eine ganz andere Bedeutung: mit dem Schlittenkarussell fahren.

Das *Verdeutschungs-Wörterbuch* von Otto Sarrazin schlug schließlich vor, statt »Bicycle« jetzt »Zweirad« oder »Fahrrad« zu sagen, statt »Tricycle« jetzt »Dreirad« und statt »Velociped« jetzt »Fahrrad«, »Reitrad«, »Zweirad« oder »Dreirad«, je nachdem, um was für eines es sich handelte. Der Dachverband setzte dies dann auch gewissenhaft bei den Vereinen durch.

Vom Hochrad zum Niederrad

Das revolutionäre Design aus Coventry

In England sah es Anfang der 1880er Jahre so aus, als ob das Tricycle dem Bicycle (neudeutsch Hochrad) bald den Rang ablaufen würde. Auf dem Kontinent kam dagegen das Bicycle eben erst in die Gänge, etwa 1884 in Wien, als sich mehrere Clubs bildeten. Die Vereine pachteten Vereins- und Übungslokale, bestimmten die Clubfarben, auch den Clubdress und das Clubabzeichen und legten ein Logbuch an, worin größere Ausfahrten einzelner Mitglieder oder Gruppen eingetragen wurden. In einer Jubiläumsschrift des Wiener Cyclisten-Clubs wird an die damaligen Anfänge erinnert:

> *Die Bevölkerung, groß und klein, in der Stadt und auf dem Lande, betrachtete den Bicyclisten, der als Narr angesehen wurde und für gesittete, vernünftige Mitbürger als gemeingefährlich schien sowie die Bauernpferde stutzig machte, als Freiwild und behandelte ihn auch danach. Steine wurden nach ihm geschleudert, meuchlings Hindernisse vor das Bicycle geworfen, um ihn zum Sturz zu bringen, und nicht selten mußte er*

auf offener Straße oder in Ortsgemeinden mit besonders hitzigen Widersachern den Faustkampf aufnehmen, der die blauroten Klubfarben oft unerwünscht popularisierte. Daß unter solchen Verhältnissen der Gemeingeist unter den Bicyclisten sehr gestärkt wurde, liegt nahe; ebenso, daß der Gruß »All Heil!« trotz oder vielleicht wegen seiner Doppelsinnigkeit auch dann noch seinen Klassensinn bewahrte, als er von der Straßenjugend in Anspielung auf den in späteren Jahren schwunghaft betriebenen Ratenhandel mit Bicycles zu »Heil auf Raten« erweitert wurde. Es dauerte übrigens verhältnismäßig lange, bis es den Bicyclisten leichter gemacht wurde, sich in den Besitz eines englischen oder deutschen Bicycle zu setzen. Vorerst mußten die Klubmaschinen nach einem gewissen Turnus ausgeliehen werden und erst dann, wenn unter großen Opfern durch längere Zeit ein Kreuzer auf den anderen gelegt worden war, konnte man sich den Luxus einer eigenen Maschine gönnen.

Dies glich heutigen Flugsportgruppen, die ihre teuren Maschinen ja ebenfalls gemeinsam nutzen und hierzu ein eigenes Gelände aufsuchen müssen. Indem aber nun immer mehr respektable Bürger und Bürgerinnen aufs Tricycle stiegen und in der Stadt fahren wollten, gewann der Unmut über die restriktiven Polizeivorschriften an politischem Gewicht. Just in Wien, der Hauptstadt der Donaumonarchie, herrschten je nach Bezirk andere Vorschriften, und die polizeiliche Willkür feierte dabei wahre

7 Mondschein-Rennen zwischen Coventry Tricycle und Hochrad, von Joseph Pennell 1883

8 Mit Club-Uniformen: Star Bicycle – Sociable Tricycle – Ordinary, USA 1884

9 Wiener Hochradclub 1887: Schon sind Niederräder dabei.

10 *Amerikanerinnen bei einem Ausflug ohne Männer, noch in langen Röcken, 1892*

11 *John D. Rockefeller, der damals reichste Mann der Welt, fuhr 1913 kettenlos.*

Triumphe. In Budapest und dem kleineren Graz gab es schon ein Reglement, das wenigstens die paar freigegebenen Straßen auflistete. Die Wiener Bicycle-Clubs taten sich zusammen und schrieben der hohen k. und k. niederösterreichischen Statthalterei ein Memorandum, um die Bitte nach einer Verordnung zu unterstreichen, die das Durcheinander in Wiens Bezirken beenden sollte. Es gehe schließlich um das Bicycle als Sport, als Verkehrsmittel und als Förderer von Handel und Industrie. Es gebe zwar erst eine einzige Fahrradfabrik in der Donaumonarchie, die Firma Kohout bei Prag, aber sollten denn auch in Zukunft Hunderttausende von Gulden nach England fließen? In München sei das Bicyceln ganz freigegeben bis auf wenige Straßen der Innenstadt. Außerdem habe die Stadtvertretung selbst schon tausend Mark für Preise bei Bicycle- und Tricycle-Rennen bewilligt. In Dresden seien die Bicycles und Tricycles sogar den übrigen Fuhrwerken gleichgestellt. In Berlin stehe eine Verordnung zur Regelung von deren Verkehr vor der Einführung, und die preußische Kriegsverwaltung spiele mit dem Gedanken, die Bicycles und Tricycles im Felde einzusetzen. Das wirkte überzeugend, die Wiener bekamen schließlich ihre Verordnung mit seitenlanger Auflistung der nur nachts erlaubten Straßen und mit zu beantragender Radfahrkarte – entsprechend dem heutigen Kfz-Schein. Aber noch lange lauerte die Polizei verdeckt in den verbotenen Straßen, um Bicyclisten und Tricyclisten anzuhalten und eine – sofort zu zahlende – Geldstrafe abzukassieren. Radtouristin Rother empörte sich:

Du kommst in ein einsames, weltentlegenes Nest, die Karte nennt es – sagen wir mal – Tralldorf. Weit und breit keine Menschenseele, nur dir entgegen kommt eine rotbenaste und rotbekragte Gestalt, die hohe Polizei von Tralldorf … Dass dir die hohe Polizei nicht Platz macht, versteht sich von selbst. Du willst sie also höflich grüßend umfahren. Schwapp, hat er dich! Die Hauptstraße von Tralldorf ist »in ganzer Länge für Fahrräder verboten«. Du hast ferner nicht einmal die für Tralldorf und 1 1/2 km Umkreis vorgeschriebene Fahrkarte bei dir, du zahlst 3 Mark pro Verbrechen, thut 6 Mark [umgerechnet etwa 60 Euro].

Die Pferde genossen besondere Rücksicht:

Der Radfahrer [so hieß er dann schon] hat auf die ihm entgegenkommenden Reit- und Wagenpferde zu achten und falls diese stutzig werden oder deren Lenker wegen Gefahr des Scheuwerdens derselben durch Zeichen zur Vorsicht mahnt, sofort abzusitzen und sein Fahrzeug den Augen der Pferde möglichst zu entziehen.

Wobei ein hohes Bicycle oder Tricycle zu verbergen nicht ganz einfach gewesen sein dürfte.

Schon auf der Fahrradmesse in London 1883, der Stanley-Show, pfiffen es die Spatzen von den Dächern: Das hohe Bicycle war in einer Sackgasse angelangt, denn echte Fortschritte und Neuheiten gab es nur noch bei den standfesten Tricycles. Viel war versucht worden, die Gefahren des Bicycle zu bannen, zum Beispiel bergab die Neigung der Vorderradgabel flacher zu stellen, damit der Bicyclist weiter hinten zu sitzen kam und seltener nach vorne abgeworfen zu werden drohte. Der Steuerkopf – das Schmiedeteil, worin die Gabel gelagert und das Rückgrat angelenkt war – konnte hierzu im Fahren verstellt werden. Die amerikanischen Columbia-Bicycles von Pope waren zum Beispiel damit ausgerüstet.

Dem gleichen Zweck dienten Trethebel anstelle der Pedalkurbeln, die der Fahrer weiter hinten sitzend treten konnte. Vertreter dieses Prinzips aus England waren Singers »Xtraordinary«, das Außergewöhnliche, und das »Facile«, lateinisch für das Leichte. Ein neuer 24-Stunden-Rekord wurde sogar damit gefahren: 242 Meilen oder 387 Kilometer.

In den Vereinigten Staaten drehte man das »Facile« einfach um: Ein großes Rad mit Trethebeln hinten und ein kleines Steuerrad vorn – das war das »Star-Bicycle«. Ein spektakuläres Photo zeigt, wie ein Star-Bicyclist problemlos die Treppe vor dem Kapitol im Staate Michigan hinabfuhr. Nun konnte man zwar nicht mehr vornüberkippen, dafür drohte bergauf das Hintüberkippen. Die Motorisierung des Star-Bicycles mit einer kleinen Dampfmaschine gelang 1884 den Brüdern Copeland in Arizona. Der berühmte Kunstradfahrer Nick Kaufmann, Sohn Schweizer Einwanderer, soll auf einem »Star-Bicycle« das Radballspiel erfunden haben, als er einmal einen Mops auf der Straße durch einen Schubs mit angehobenem Vorderrad vor dem Überfahrenwerden und sich dadurch vor einem Sturz bewahrte. Später, vor Publikum, spielte er die Szene dann mit einem Poloball und einem weiteren Star-Bicyclisten als Gegenspieler nach. Die Dresdener Firma Marsch & Kretzschmar baute das »Star-Bicycle« in Lizenz noch bis in die 1890er Jahre.

Die Gefährlichkeit der Stürze war auch dadurch zu mindern, dass man nicht von allzu hoher Sitzposition herunterfiel. Niederräder nach diesem Konzept erhielten prompt den Namen »Dwarf«, also Zwerg, oder in Deutschland auch abschätzig »Teckel«. Seit man bei den Dreirädern Fahrradketten zwischen Pedalen und Treibrädern verwendete, lernte man, dass man deren Räder kleiner machen konnte, wenn man nur dafür die Übersetzung vergrößerte, also ein großes Kettenrad bei den Pedalen und ein kleines am Treibrad montierte. Damit war es jetzt möglich, das Vorderrad entschieden zu verkleinern. Auf diesem Konzept aufbauend brachte in Coventry 1884 die Firma des ehemaligen Starley-Kollegen Hillman einen Dwarf mit Kettenantrieb und Pedalkurbel auf beiden Seiten des nun kleineren Vorderrads heraus und nannte dies sinnigerweise »Kangaroo«, denn die an je einer Stange weit vorverlegten Fußrasten fürs Bergabfahren sahen wie die kurzen Vorderbeine eines Kängurus aus. Wem sein Leben lieb war, der stieg auf ein solches Kangaroo um. Die Firma veranstaltete selbst ein Rennen über hundert Meilen nur für Kangaroos, wobei ein Berufsrennfahrer die 160 Kilometer in sieben Stunden und elf Minuten fuhr und damit sogar den Hochrad-Rekord brach.

Die Kangaroos bereiteten schließlich den Weg für den

größten Umbruch in der Fahrradgeschichte. Wenn man mithilfe des Kettenantriebs niedere Räder einsetzen kann statt der hohen, dann kann man auch das Hinterrad statt des Vorderrads antreiben und sogar die beidseitigen Kurbelantriebe zu einem einzigen vor dem Hinterrad zusammenlegen. Dann reicht auch nur eine Kette statt der zwei beidseits des Vorderrads, wie bisher beim Kangaroo.

Solche Überlegungen hatte schon viel früher ein britischer Aufsteiger angestellt, Harry Lawson aus London, Sohn eines Messingdrehers und Methodistenpredigers, der sich vom Mechaniker und Radrennfahrer zum Manager von Fahrradwerken und Finanzier hochgearbeitet hatte. Vielleicht lag es an seiner Körpergröße von lediglich 150 Zentimetern, dass er mit seinem Kompagnon in Brighton schon 1876 Zweiräder mit Trethebeln zum Patent anmeldete, ähnlich dem »Star«, deren Fahrer aber viel tiefer zwischen den Rädern saßen. Er gab diesen den Namen »safety bicycle«, was als Bezeichnung für alle niederen Zweiräder haften blieb und woraus im Deutschen später das Sicherheitsfahrrad wurde. Einerseits wurde die Bodennähe des Fahrers begrüßt, andererseits hielt man aber die tiefe Fahrerposition für unelegant. Das »Safety«, nach einem dritten Patent Lawsons von 1879, wurde ebenfalls in Brighton produziert und erhielt in der Branche den Spitznamen »Krokodil«. Denn es war ein mächtiges Vehikel mit hohem Vorderrad von einem Meter Durchmesser. Der Clou war aber dieses Mal eine Tretkurbel mit Kettenantrieb auf das kleinere Hinterrad. Dieses Safety nannte Lawson »Bicyclette«; es wurde aber nur zwölfmal gebaut.

Mit mehr als zwei Metern Länge war es etwas unhandlich. Aber hier war eigentlich schon das Konzept, das später die Welt erobern sollte: zwei fast gleich große Räder, mittiger Fahrersitz mit Tretkurbel darunter, Kette aufs Hinterrad. Lawsons Bild in der Nachwelt litt etwas seit seinem Jonglieren mit Scheinfirmen, er wurde schließlich wegen Betrugs verurteilt. Immerhin hat er mit Frederick Simms die britische Daimler Motor Company gegründet.

Auf der Stanley-Show von 1885, der Fahrradmesse in London, stellte dann John Kemp Starley, Neffe des just von der Stadt Coventry mit einem Denkmal geehrten Erfinders, das Safety-Bicycle seiner Firma Starley & Sutton vor. Die »Patent Rover Safety Bicycle« benannte Maschine war gar nicht patentiert, hatte aber – ganz wie Lawsons »Bicyclette« – ein größeres Vorderrad mit indirekter Stangenlenkung, denn der Cyclist saß so weit von der Vorderradgabel entfernt, dass er sie mit den Armen nicht erreichen konnte. Prompt erhielt sie von der Fachpresse den Spitznamen »Kamel«, was ähnlich schmeichelhaft gemeint war wie die Bezeichnung »Krokodil« für die Bicyclette des Vordenkers Lawson. Der entscheidende Tipp, die indirekte Lenkung schleunigst wieder aufzugeben, kam von einem Verlagsangestellten, der für eine Fahrradzeitung das Safety des Konkurrenten Humber getestet hatte, das mit einer direkten Lenkung seines kleinen Vorderrads dank schräger Lenksäule aufwarten konnte. Starley verstand schnell und schickte die verbesserte Version im Herbst 1885 auf ein eigenes Rennen, wo die neue Rover-Version prompt Weltrekorde über fünfzig und hundert Meilen aufstellte – drei Stunden fünf Minuten bzw. 7:05:16, noch auf Vollgummireifen. Solche Glanzstücke hatte Lawson nicht zur Verfügung gehabt – am erfolgreichsten ist immer der Erfolg. Im folgenden Jahr hatten alle Konkurrenten niedere Safety-Bicycles mit gleich großen Rädern und Kette zum Hinterrad im Programm, auch die Firma Rudge unter Lawsons Management mit ihrer neuesten Bicyclette. Der umtriebige Lawson ließ diese auch nach Frankreich exportieren. Seitdem ist dort, bis heute, »bicyclette« die französische Bezeichnung für »Fahrrad« geblieben. Erst der gewandelte Rover mit seinen Streckenrekorden bewirkte den Durchbruch für das, was die Deutschen später Niederrad nannten. Er hat den Trend für die Welt gesetzt, wie die Fachpresse schrieb und wie es die Rover-Werbung nur zu gerne immer wieder verkündete.

Starley hatte also vordergründig nichts Neues erfunden, sondern Vorhandenes glücklich kombiniert und mit besten Kontakten zur Fachpresse durch Rennen bekannt gemacht. Deshalb war der Rover auch nicht mehr zu patentieren. Anlässlich der Verleihung der Silbermedaille durch die Royal Society of Arts beschrieb Starley seine Überlegungen später folgendermaßen:

> *Ich fühlte, dass die Zeit gekommen war, das Problem des Bicycle zu lösen … Also verwendete ich meine ganze Aufmerksamkeit auf das Rover-Bicycle. Beim Planen dieser Maschine leiteten mich folgende Kernforderungen:*

- *den Fahrer auf der richtigen Höhe überm Boden zu platzieren,*
- *die Kurbeln so mit dem Antriebsrad zu koppeln, dass die Übersetzung je nach Wunsch eingestellt werden kann,*
- *den Sattel in die richtige Lage zu den Pedalen zu bringen,*
- *und so zu konstruieren, dass der Sitz längs und in der Höhe nach Wunsch angepasst werden kann,*
- *die Handgriffe relativ zum Sitz so anzuordnen, dass der Fahrer die größtmögliche Kraft auf die Pedale bringen kann bei geringster Ermüdung,*
- *und diese ebenso verstellbar zu machen.*

Ich hatte mir überlegt, womit das Pedalieren eines Bicycle vergleichbar wäre … es ist fast so wie das Steigen auf einer Leiter … aber während bei Ersterem die Pedale nach unten weggehen, geht auf Letzterer der Mann nach oben. Ich musste daher bestimmen, wo die Handgriffe zu platzieren waren, damit er sein ganzes Gewicht auf die Pedale bringen konnte. Es war der Lenker, der mich zwang, die derzeitige Geometrie der Maschine so festzulegen, da ich ihn anderswie nicht genug nach vorne bringen konnte. Wenn man die Position des Lenkers beim hohen Bicycle betrachtet, erkennt man, wie äußerst nutzlos und unvollkommen er für seine Zwecke war. Mein Ziel war nicht bloß, ein Sicherheits-Bicycle herzustellen, sondern eine Maschine zu bauen, die eine echte Revolution des Rads bedeuten würde. Und die Tatsache, dass seither so wenig geändert wurde an den wesentlichen Positionen, welche ich 1885 festgelegt hatte, beweist, dass ich mit den fundamentalen Überlegungen hierzu nicht falsch lag.

1886 erschien in Bielefeld das Branchenblatt *Radmarkt* und trug gleich auf der Titelseite Anzeigen für das »Rover-Zweirad«. Aber es sollte noch ein Jahrzehnt dauern, bis der Niederradboom hierzulande seinen Höhepunkt erreichte. In England bürgerte sich nun zur Unterscheidung vom neuen Safety-Bicycle die Bezeichnung »Ordinary« (das Übliche) für das hohe Bicycle ein, auch »Penny Farthing«, wobei die Penny-Münze das große Vorderrad und die Farthing-Münze (1/4 Penny) das kleine Hinterrad repräsentierten. In Frankreich hieß das hohe Bicycle »Grand Bi«. Dass hier endlich ein Fahrzeug für den nicht so todesmutigen Städter gefunden war, leuchtete den deutschen Nähmaschinenfabrikanten auf der Suche nach neuen Geschäftsfeldern sofort ein. Große Firmen wie die Gaggenauer Eisenwerke, Frankenburger & Ottenstein in Nürnberg oder Seidel & Naumann in Dresden übersprangen das Hochrad und fingen gleich in großem Stil mit dem Bau von Niederrädern an. Dabei mendelte sich der »diamond frame« aus den anderen Rahmenformen wie dem »cross frame« (Kreuzrahmen) heraus. »Diamond frame« hätte der tatsächlichen Gestalt folgend als »Rauten-Rahmen« übersetzt werden können, weil »diamond« auch »Raute« bedeutet, aber des impliziten Werbeversprechens wegen – »hart wie Diamant« – blieb es natürlich bei Diamant-Rahmen, und den haben wir aus geraden Rohren noch heute.

Die britischen Fahrradhersteller schwenkten alle auf den neuen Trend ein, die hohen Bicycles liefen aber noch weiter, und die Tricycles wurden ebenfalls auf niedere Räder getrimmt. Dabei schnurrte ihre ganze Vielfalt bald auf die Vordersteurer der Bauart »Cripper« mit drei gleich großen Rädern zusammen, benannt nach dem erfolgreichen Rennfahrer Robert Cripps, und bei dieser Bauform sind auch die heutigen Dreiräder geblieben. In den Vereinigten Staaten kamen die Safetys 1888 an und brachten das Patentregime des Fahrradmagnaten Albert Pope ins Wanken, denn die Safetys mit ihrem Hinterradantrieb konnten nicht mehr mit dem alten Frontkurbler-Patent von 1866 kontrolliert werden. Die geraden Rohre ihres Diamant-Rahmens ermöglichten zudem eine rationellere Fertigung. Pope brachte erst 1890 ein »Columbia Safety« heraus und machte sich durch ein eigenes Röhrenwerk von schwedischen und britischen Rohrimporten unabhängig. Er hatte hierfür die amerikanischen Patentrechte der Gebrüder Mannesmann erworben.

Reinhard und Max Mannesmann hatten in dem väterlichen Walzwerk zu Remscheid versucht, die im rauhen Fahrbetrieb hochbelasteten Kurbelkeile der Fahrräder durch Walzen weiter zu härten (Kurbelkeile sicherten die Pedalkurbeln auf der Tretlagerwelle und damit das große Kettenrad). Sie beobachteten, dass sich dabei im Innern ein Hohlraum bildete und erkannten darin die Möglichkeit, durch Schrägwalzen aus einem Metallstab ein nahtloses Rohr herzustellen. »Es ist wie bei einem Fuchs, dem man das Fell über die Ohren zieht«, erklärte den Vorgang Professor Franz Reuleaux, ihr wissenschaftlicher Berater. Nachdem sie ihr Verfahren noch mit dem Pilgerschrittverfahren kombiniert hatten, wurde es erstmals möglich, einen Metallstab in Sekundenschnelle in ein Rohr zu verwandeln. Ihr Verfahren kam gerade zur rechten Zeit, um den veritablen »Rohrhunger« der Fahrradindustrie zu bedienen, wodurch die Mannesmannwerke in Düsseldorf zu einem Weltkonzern aufstiegen. Im Gästebuch ihres Standes auf der Weltausstellung 1893 in Chicago sind alle damaligen Fahrradhersteller eingetragen. Allerdings ging der amerikanische Markt verloren, nachdem ein dorthin entsandter Angestellter sie mit eigenen Patenten umgehen und somit ein eigenes Werk gründen konnte. Dank dem Mannesmann-Verfahren entwickelte sich die Fahrradtechnik Ende des 19. Jahrhunderts zur sensationellen Leichtbau-Hightech schlechthin, wovon dann nach den Automobilen auch die ersten Aeroplane profitierten.

Den eigentlichen Durchbruch brachte aber schließlich der von John Boyd Dunlop, einem im irischen Dublin praktizierenden Tierarzt, 1887 wiedererfundene Fahrradpneu. Sein Patent wurde jedoch nach zwei Jahren für nichtig erklärt, weil der genialische Schotte Robert William Thompson schon 1845 ein Patent erhalten hatte, dessen Potential die Kutscher seinerzeit nicht erkannt hatten, jetzt die Rennfahrer aber sofort. Dies ist ein deutliches Beispiel dafür, wie das Fahrrad als interaktives Testgerät für die ganze Fahrphysik diente. Durch den Dunlopschen Pneu konnten die Niederräder endlich ihren Komfortverlust ausgleichen. Doch erst der Dubliner Harvey du Cros machte die nach dem Erfinder benannte Reifenfirma groß – auch ohne weiteren Patentschutz für Dunlop. Sah man auf der »Ersten großen allgemeinen Ausstellung von Fahrrädern und Fahrradutensilien in Deutschland« im Leipziger Krystallpalast 1889 noch ausschließlich Vollgummireifen, wurden in den 1890ern hierzulande außer den Niederrädern sogar noch Hochräder mit Luftreifen ins Rennen geschickt.

Der Schriftsteller Eduard Bertz bewertete in seinem Buch *Philosophie des Fahrrads* (1900) die deutsche Fahrradbranche folgendermaßen:

> *Als im Jahre 1889 die erste Fahrradausstellung im Krystallpalaste zu Leipzig stattfand, mußte der unbefangene Beobachter zugestehen, daß damals sowohl in Qualität als auch in Quantität die englischen Maschinen den deutschen noch weit überlegen waren. Auf der im nächsten Jahr folgenden zweiten Fahrradausstellung in Leipzig hatte sich das Verhältnis schon wesentlich gebessert. Nicht nur, daß mehr deutsche als englische Maschinen ausgestellt waren, es fanden sich hier bereits einzelne Fabrikate, die sich den englischen ebenbürtig zeigten.*

Aber noch waren die Fahrräder teuer, für Arbeiter praktisch unerschwinglich. Man vergleiche nur die preisliche

Entwicklung mit dem Monatslohn eines Facharbeiters von etwa 110 Reichsmark (die Kaufkraft einer Reichsmark würde heute etwa zehn Euro entsprechen):

um 1870:	750–600 Reichsmark
1883:	600–400 Reichsmark
1890:	320–230 Reichsmark
1894:	285–200 Reichsmark
1899:	210–170 Reichsmark
1900:	170–140 Reichsmark
1901:	75–85 Reichsmark
1904:	70–80 Reichsmark
1907:	53–60 Reichsmark
1910:	28 Reichsmark (für ein sogenanntes »Spezialrad«)

Wie sind diese beträchtlichen Preissenkungen zu erklären? Zunächst gab es die enormen Fortschritte in der Rationalisierung des Fahrradbaus. Denn die Fertigungstechnik war zuvor weitgehend der Büchsenmacher-Tradition entsprungen: Man musste Rohre aufbohren oder Naben aus Vollmaterial drehen. Es entstanden handwerkliche Meisterstücke, die so viel wie ein halbes Klavier kosteten. Ein ehemaliger Lizenznehmer des mächtigen Albert Pope, die Western Wheel Works (WWW) in Chicago, machte mit der weiteren Rationalisierung der Fahrradfertigung ernst und lieferte den Columbia-Safetys von Pope einen regelrechten Preiskrieg. Der aus Weil der Stadt südlich von Stuttgart ausgewanderte Adolph Schoeninger hatte mit seinen beiden technisch begabten Schwiegersöhnen Otto Unzicker und Richard Boericke mittels Blechpressen eine neue Fertigung der WWW aufgebaut, für deren Absatz das Verkaufsgenie Robert Coleman sorgte. Die deutsche Arbeiterschaft kam aus dem Schlosser- und Blechspielzeug-Handwerk. Mithilfe spanloser Press-, Stanz- und Tiefziehtechniken verbilligten sie das Fahrrad enorm. Ein Branchenblatt schrieb seinerzeit: »Die Firma legt alles auf die Stanzpresse und arbeitet nach deutschen Schlossermethoden mit regelmäßig Bier um 9 Uhr 30« – der legendäre Bierkonsum der deutschen Einwanderer in Chicago war der zweithöchste nach dem der Iren. Coleman konnte die Firma schließlich 1896 mit 1200 Arbeitern übernehmen und produzierte fortan zweihundert Fahrräder pro Tag. Womit die WWW damals die größte Fahrradfabrik der Welt war. Ihre Fahrräder der Marke »Crescent« (Mondsichel) fuhren kaum schlechter als die viel teureren der Marke »Columbia« von Pope. Von nun an konnte sich auch ein amerikanischer Arbeiter ein Fahrrad leisten.

Sozialer Hoffnungsträger Fahrrad

Jetzt war er da, der größte Zweiradboom des 19. Jahrhunderts. In Detroit, wo damals das Wort »Automobil« noch völlig unbekannt war, schrieb eine Zeitung:

> *Es wäre nichts Ungewöhnliches, wenn die Geschichtsschreibung dereinst zu dem Schluss käme, dass die*

Vervollkommnung des Fahrrads das größte Ereignis des 19. Jahrhunderts war. Wenn wir an seine Wirkung auf die menschliche Rasse denken, praktisch alle Leute mit dem Mittel zu enorm beschleunigter Fortbewegung versehen zu haben, stößt diese Vorstellung bislang an keine Grenzen. Die Auswirkungen mögen für uns Zeitgenossen nicht ohne Weiteres zu erkennen sein, werden aber dem künftigen Beobachter des Geschehens schlicht gewaltig erscheinen. Wir hätten nicht die Kühnheit, eine Verwandlung oder Expansion der Menschheit wie nach der Erfindung der Druckerpresse oder des Schiffskompasses vorauszusagen, aber wer weiß. Das Fahrrad beeinflusst eine enorme Zahl von Menschen, und dies keineswegs nur leicht oder oberflächlich. Die menschliche Rasse haben schon viel unauffälligere oder engere Umstände als das Rad stark beeinflusst.

Den rapiden Wandel in München brachte der Verleger Paul von Salvisberg auf den Punkt:

Vor kurzem fragte man noch skeptisch: ›Was, Sie – radeln?‹ Heute heißt es: ›Ja was, ist's möglich, Sie radeln nicht?‹, und im Stillen zieht der mitleidige Frager bereits seine Schlüsse über die offenbar gestörte Gesundheit oder das Spießbürgertum des oder der Gefragten.

Schon nach der ersten deutschen Fahrradausstellung in Leipzig hatte Fahrradbuchautor Wilhelm Wolf versucht, für soziale Ausgewogenheit zu plädieren:

Wir dürfen der engherzigen Auffassung, als solle das Radfahren ein Vorrecht der oberen Zehntausend oder Hunderttausend bleiben, gerade in Anbetracht der ethischen Momente, die ihm – wir sagen nicht zu viel – anerkanntermaßen innewohnen, nicht das Wort reden.

Sieben Jahre später schienen solche Befürchtungen ausgestanden, vor allem in den Vereinigten Staaten, wo ein Journalist im *Scientific American* über das Fahrrad jubelte:

Als Sozialrevolutionär hat es niemals seinesgleichen gegeben. Es hat die menschliche Rasse auf Räder gesetzt und damit viele der gewohnten Prozesse und Formen des Gesellschaftslebens verändert. Es ist der große Gleichmacher, denn erst seit alle Amerikaner auf Fahrrädern sitzen, war das großartige Prinzip zu verwirklichen, dass jeder Mensch so gut wie jeder andere Mensch ist oder generell ein bisschen besser.

Es sah zuerst der hohen Kosten wegen gar nicht danach aus. Die Fahrradclubs achteten streng auf den Status ihrer Mitglieder. Noch zu Hochradzeiten hatte der noble Frankfurter Veloziped-Club den einfachen Handwerker Ernst Sachs trotz schönster Rennerfolge zunächst nicht aufnehmen wollen. Denn dort tummelten sich eher reiche junge Männer wie die fünf Opel-Söhne. Es mussten eben beträchtliche Mittel für die Rennbahn im Palmengarten ausgegeben werden. Durch Einheirat in eine Kugellager-

Dynastie in Schweinfurt zum Unternehmer geworden, sponserte Sachs dann die Schweinfurter Radclubs. In Amerika stiegen sogar die Superreichen aufs Rad. Ölmilliardär John D. Rockefeller hatte nicht nur Beteiligungen an Fahrradfirmen, sondern fuhr selbst ein kettenloses Fahrrad. Angestellten mit bedrohter Gesundheit schenkte er sogar ein Fahrrad und hielt sie zu regem Gebrauch im Freien an. Bei einer Rundfahrt zu Rade über den Campus der Universität von Chicago, die durch Rockefellers Stiftungen aus einem kleinen Baptisten-College entstanden war, lieferte er sich mit einem bekannten Sportler einen kleinen Sprint, den er allerdings verlor. In Washington hatte sich 1890 ein Capitol Bicycle Club für die Kongressabgeordneten gebildet, von dem es hieß: »Jeder, der etwas darstellen will, hat bereits oder ist gerade dabei oder will noch das sich drehende Rad erlernen.« Selbst Mitglieder der Regierung und des Obersten Gerichthofs wurden auf dem Rad gesehen. Das machte sich bald positiv bei den Verordnungen für den Radverkehr bemerkbar. Bühnenstars stiegen auf, und es gab sogar einen Sozialistischen Radmänner-Club – zwei Jahre nach der Gründung des Arbeiter-Radfahrerbunds »Solidarität« im Kaiserreich. Und so hatte schon bald jede amerikanische Ortschaft einen eigenen Fahrradclub.

Der elitärste Fahrradclub von allen war der Michaux-Club in New York, benannt nach dem Pariser Fahrradbauer von 1865. In der Clubhalle erhielten die superreichen Mitglieder morgens Unterricht von clubeigenen Fahrlehrern. Nachmittags konnten die Damen unter Musikbegleitung fahren – welche das Radfahren einfacher machen sollte – und danach in den Clubräumen Tee serviert bekommen. Ein Balkon am Ende der Halle diente denjenigen Mitgliedern, die nur zuschauen wollten, wobei kein Gentleman sich über die Missgeschicke lustig machen durfte, die er unten zu sehen bekam.

Beliebt war die »Balaclava Melee«, ein Reigenfahren auf Fahrrädern. Dabei setzten die wagemutigsten Fahrer Fechtmasken auf, nahmen Stöcke in die Hand und bestiegen ihre Fahrräder. Dann kreisten sie herum und schlugen einander mit dem Stock Federn vom Kopf, die auf den Fechtmasken befestigt waren. Der Letzte mit Federn auf dem Kopf wurde zum Sieger erklärt. Für die Damen gab es die »Zehn-Kegel-Fahrt«, wobei man um zehn in einer Reihe aufgestellte Kegel Slalom fahren musste. Ganz neu aus Indien kam die »Gymkhana«. Für Herren und Damen waren hier Uniformen vorgeschrieben. Die Männer waren mit weißen Knickerbockers, roten Jacken, rotweißen Jockey-Kappen, roten Strümpfen und weißen Schuhen ausgestattet. Die Damen trugen weiße Röcke, rotweiß-gestreifte Blusen, rote Ledergürtel, weiße Stroh-Matrosenhüte, rote Strümpfe und weiße Schuhe. Die Fahrräder waren mit roten und weißen Bändern geschmückt. Das Fest begann mit dem Einmarsch auf Fahrrädern, an dem sich acht Männer und acht Frauen beteiligten. Auf den Marsch folgten Stafettenrennen, Fahrkunststücke, Musik und ein »Fahrradtanz« kleiner Mädchen um eine Art Maienbaum. Der Abend schloss mit heimischen Volkstänzen – nur eben auf Fahrrädern.

Die deutschen Fahrradclubs setzten ebenfalls auf Reigenfahren – zwei Anleitungsbücher sind bekannt – und bunte Straßenparaden. Dabei kam oft auch die Geschichte des Fahrrads zur Darstellung. Im Wirtschaftskrieg mit den europäischen Nachbarn wollte man sich der eigenen Pionierleistungen versichern. Als dann, wie bereits erwähnt, der alte Karlsruher Friedhof geschlossen und der Erfinder Drais umgebettet wurde, rief der Dachverband, wie eingangs erwähnt, zu einer Sammlung für ein Denkmal in Karlsruhe auf, das 1893 feierlich enthüllt wurde. Daraufhin reagierten die französischen Fahrradverbände mit dem Denkmal für Pierre und Ernest Michaux 1894 in deren Geburtsort Bar-le-Duc.

Das Fahrrad im Zeichen des Gesetzes

Mit den Polizeiverordnungen zum Radverkehr – der ersten 1888 im Königreich Württemberg, wo auch das königliche Paar Rad fuhr – kam die Radfahrkarten-Pflicht für die Benutzer und die Kennzeichnungspflicht für die Fahrräder. Auf Fuhrwerken mussten Name und Adresse des Halters aufgeschrieben werden. Da es auf den Fahrradrohren wenig Platz gab, wurden kleine emaillierte Nummernschilder angebracht. Im Gegensatz zu den Niederlanden und der Schweiz gab es keine Fahrradsteuer, außer einer Luxussteuer im Ersten Weltkrieg. Aber noch bis in die 1920er Jahre gab es Sperrbezirke für Fahrräder – oft ausgerechnet die besten Straßen.

Auch in den USA schuf die Fahrrad-Lawine auf den Straßen und in den Parks einen langwierig vollendeten Regulierungsbedarf. In New Yorks Central Park war das Fahren schon zu Hochradzeiten verboten worden, ausgenommen waren nur die Bicycle-Clubs. Fuhrleute und Fiaker betrachteten sich als Herren der Straße und bekämpften die Radfahrer, wo sie nur konnten. Sie unterließen es, Richtungsänderungen zu signalisieren, machten plötzliche Kehrtwendungen oder scherten aus der Fahrtrichtung aus, nur um einen überholenden Radfahrer zu Fall zu bringen – die Radzeitungen waren voll davon. Sie spuckten ihren Kautabak auf vorbeifahrende Radfahrer oder fuhren durch Fahrradparaden hindurch. Ein Kutscher namens Andrew Weiss erschoss in New York gar fünf Radfahrer, einen Mann und eine Frau auf einem Tandem, zwei weitere Männer und einen Jungen. Als er auf ein sechstes Opfer zielte, wurde er überwältigt. Auf Long Island gab es einen ähnlichen, nur wenig harmloseren Fall – einen Kutscher namens Jacob Heitz, der sich weigerte, mit seinem Gespann nach rechts auszuweichen, um eine Gruppe von hundert Radfahrern vorbeizulassen. Als sie weiter klingelten, stellte er sein Gespann quer zur Straße und schaute zu, wie die Männer und Frauen abstiegen und ihre Räder durchs Feld um das Hindernis schoben. Das reichte ihm aber noch nicht: Er lenkte sein Fuhrwerk brutal in die Gruppe hinein, fünf Frauen konnten sich nur durch blitzschnelles Absteigen retten. Als ein Radfahrer die Zügel eines der Pferde ergriff, zog Heitz ihm die Peitsche über den Schädel.

Fußgänger mussten sich beim Überqueren der Straße erst an die geräuschlosen Radfahrer gewöhnen – Pferdehufe klapperten und Straßenbahnen oder Cable-Cars ratterten. Radfahrer wichen überdies wegen Schlaglöchern oder Schlammpfützen auf der Straße auf die Gehwege aus. Die Polizei bekam also den Auftrag, die Gehwege mittels Geldstrafen von Radfahrern frei zu halten. Im Vorgriff auf heutige Radarfallen gab es den Begriff der »sidewalk traps«, in denen versteckte Polizisten warteten. Die Zeitungen warnten vor notorischen Gehwegfallen, zumal bald der Verdacht aufkam, dass manche Ortschaften vorsätzlich Schlammlöcher auf den Straßen anlegten, um Radfahrer in diese Fallen zu treiben. Dagegen protestierte schließlich im Örtchen Rondout im Staate New York ein Prominenter, Johann Jacob Astor IV. Er warf der Gemeinde vor, die Straßen unrepariert zu belassen, zudem sei die Zehn-Dollar-Strafe viel zu hoch. Dies koste einen Angestellten oder Mechaniker seine ganze Barschaft, die er für eine Drei-Tages-Tour dabeihabe.

Konflikte mit der Obrigkeit lieferten auch die Raser, die sogenannten »scorcher«. Der Begriff leitet sich von »to scorch« (versengen, anbrennen) ab, am nächsten kommt ihm im Deutschen wohl das mundartliche »Fahren wie eine gesengte Sau«. Selbst Popes Hauszeitschrift bezeichnete Rasen als ebenso wenig akzeptabel wie Alkoholkonsum und rief zur Unterstützung der Polizei dagegen auf. Man versuchte es mit Strafen von fünf Dollar in der Stadt New York, bis 25 Dollar oder dreißig Tagen Haft in New Orleans. Doch zum Ergreifen der Raser musste die Polizei selbst aufs Rad steigen. So formierte sich etwa in New York eine eigene Fahrradschwadron, deren Heldentaten der damalige Polizeichef Theodore »Teddy« Roosevelt beschrieb, bevor er amerikanischer Präsident und Namensgeber von Plüschbären wurde:

> *Der Deutsche war ein Mann mit enormen Leistungsreserven und schaffte es, jedes Ausreißerpferd zum Anhalten zu bringen, ohne dass dabei sein Fahrrad verloren oder kaputtging. Wenn der rechte Zeitpunkt gekommen war, fuhr er meist von rechts an das Pferd heran und fasste mit der linken Hand die Kandare, während seine Rechte das Fahrrad am Lenker hielt. Zug um Zug brachte er dann das Tier unter seine Kontrolle. Es ist ihm noch nie misslungen, das Pferd zum Anhalten zu bringen, und noch nie verlor er sein Rad dabei. Es missglückte ihm auch nie, irgendwelche Raser einzuholen, obgleich manche von denen Berufsrennfahrer waren, die das Gesetz absichtlich verletzten, um zu testen, ob sie ihm noch entkommen könnten.*

Die Öffnung des Marktes

Die Fahrradindustrie war indessen nicht untätig geblieben. Mit dem Columbia »Chainless« versuchte Pope, nochmals eine Monopolstellung einzunehmen, indem er alle Patente für die kettenlosen Fahrräder zusammenkaufte. Die Fahrradketten-Produktion hatte man damals noch nicht im

Griff, sodass häufig Kettenbrüche auftraten und das Rad nur noch geschoben werden konnte. Diesen Nachteil hatte das »Kettenlose« nicht, das oft fälschlich als »Kardanrad« bezeichnet wird, obwohl es anders als beim gleichnamigen Motorrad kein Kardangelenk in der Antriebswelle zum Hinterrad besaß. Vorbild waren die amerikanischen Shay-Waldbahnlokomotiven gewesen, die auf entrindeten Baumstämmen als Schienen fuhren und deshalb alle Achsen ihrer Drehgestelle antreiben mussten. Die Rechnung Popes ging allerdings nicht auf. Die viel teureren Kettenlosen waren störanfällig, denn den Kegelzahnrädern brachen in rauhem Gelände Zähne aus und man musste den Antrieb häufig nachjustieren. Und mittlerweile konnte man auch Fahrradketten herstellen, die nicht mehr so oft brachen.

Im Jahr 1897 mehrten sich die Anzeichen, dass der Markt die Preise nach unten zu ziehen begann. Selbst das eilends gebildete Kartell der Hersteller in den USA konnte diesen Trend nicht mehr stoppen, wie deutsche Extrablätter berichteten:

> *Die Tagespresse meldete vor kurzem in Extra-Telegrammen den Zusammenbruch der amerikanischen »Bicycle-Kombination«. Die Pope Company hat den Preis der Columbia-Maschinen von 100 auf 75 Dollar gesenkt, die anderen großen Kompagnien müssen folgen. Ein heftiger Kampf hat begonnen. Einige von den starken Firmen sind gewillt, selbst unter dem Kostenpreise zu verkaufen, bis die Konkurrenz erdrückt und der Pool*

oder die »normale Preislage« nach ihrem Geschmacke rekonstruiert ist. Inzwischen dürfte der Preisverfall die Zahl der Radfahrer im Lande verdoppeln. Es darf dieses industrielle Ereignis auch in Deutschland Beachtung finden, wo die Preise eher höher geschraubt als verbilligt werden.

Die US-Firmen intensivierten daraufhin ihren Export nach Europa und verkauften ihre Produkte billiger als die einheimische Konkurrenz:

In jüngster Zeit macht die amerikanische Konkurrenz den Fahrradfabriken in England und auf dem Kontinent viele Sorgen. Unter den deutschen und österreichischen Fahrradfabrikanten wurde sogar eine Vereinbarung getroffen, in Fachblättern, welche Inserate von amerikanischen Firmen aufnehmen, keine geschäftlichen Ankündigungen zu veröffentlichen. Auch in die Tagespresse wurden gegen die transatlantische Konkurrenz gerichtete Artikel lanciert.

Dies schrieb der Fahrradingenieur Rupert Ritter von Paller 1897, doch er plädierte damals gegen Schutzzölle und für den freien Welthandel mit einer vertraut klingenden Argumentation:

Die besten ausländischen Marken werden neben den deutschen stets fortbestehen, mag der Zoll auch noch so erhöht werden. Die minderwertigen fremden Waren aber, die aus Konkursmassen stammenden Schleuderfabrikate werden sich bald selbst unmöglich machen, erstens wegen der Schwierigkeit der Beschaffung von Ersatzteilen, zweitens auch deshalb, da jeder patriotische Deutsche die Reparatur von solchen Schundfabrikaten verweigern wird. Der glückselige Besitzer eines derartigen Yankeefahrrades hat dann, bis er seine Reparatur von Amerika aus besorgt bekommt, genügend Zeit nachzudenken, ob es für ihn denn doch nicht vernünftiger gewesen wäre, ein einheimisches, deutsches Fabrikat zu erwerben, bei dem genügende und verläßliche Garantie für raschen Ersatz und Reparaturen jederzeit geboten wird.

Das sah auch der Potsdamer Autor Eduard Bertz damals so:

Kauft man aber für wenig Geld ein Rad aus einer obskuren Fabrik oder aus Amerika, so muß man auf Schaden und Verdruß ohne Ende gefaßt sein und kann unter Umständen mehr für Reparaturen ausgeben, als die ganze Karre wert ist.

Ganz konnte sich Ritter von Paller dem Appeal der »Amerikanerinnen«, wie die Importfahrräder auch genannt wurden, dann aber doch nicht verschließen:

Bei der Konstruktion seiner Fahrradmodelle entwickelte der Amerikaner einen ganz außergewöhnlichen

Scharfsinn. Aufgrund der richtigen Beobachtung, daß der Mensch beim normalen Gehen seine Beine eng aneinander geschlossen hält – selbstverständlich ist hier nur der von Mutter Natur mit wohlgeformten Beinen ausgestattete Mensch gemeint – paßte er die Fußbewegung beim Radfahren jener beim Gehen möglichst an durch die Konstruktion von engen Kurbel[an]trieben.

Die Dumping-Importe aus Amerika zerstörten das einheimische Preisgefüge und bedeuteten schließlich das Aus für die noch handwerklich arbeitenden kleineren Fahrradfabriken. In Mannheim klagte ein Mitglied der Vereinigung deutscher Fahrradhändler gegen einen Importeur amerikanischer Fahrräder wegen Verletzung des Gesetzes gegen den unlauteren Wettbewerb. Er habe in Zeitungen die »stabile Bauart, leichten Lauf, neueste Konstruktion und elegante Ausführung derselben« gerühmt und hervorgehoben, dass nur er für hundert Reichsmark verkaufen könne. Das sei alles falsch, jeder skrupellose Händler könne so billig verkaufen. Der Prozess endete mit einem Vergleich – so ganz schlecht waren die »Amerikanerinnen« also wohl doch nicht. In der Folgezeit mussten die vier Mannheimer Fahrradfirmen schließen oder umsatteln, weil sie bei den Dumpingpreisen nicht mithalten konnten. Die großen Firmen mussten notgedrungen rationalisieren. Auf diese Art hatten die Dumping-Importe auch ihr Gutes. Denn 1900 konnten nun alle Arbeiter ein vereinfachtes »Spezialrad« kaufen – für 28 Reichsmark.

Auch die Kartellbildung der großen US-Hersteller konnte die Lage dort nicht mehr retten. Mittlerweile waren die Straßenbahnen in den amerikanischen Städten elektrifiziert worden. Zunächst sah es so aus, als ob die radfahrenden Städter den Straßenbahnen die Fahrgäste wegnähmen, doch gegen 1900 hatte sich der Trend gedreht. Die Städter fuhren lieber wettergeschützt in den Straßenbahnen. Manche Historiker sehen den Hauptgrund des schwindenden Fahrradgebrauchs aber in einem technischen Serviceproblem. Die amerikanischen Hersteller verwendeten Schlauchlosreifen, die bei einer Panne nicht geflickt werden konnten, sondern ersetzt werden mussten. Die Europäer hatten die bessere Bereifung aus Schlauch und widerstandsfähigem Mantel. Wie dem auch sei, die Mitgliederzahl in der League of American Wheelmen (Liga der amerikanischen Radmänner) sank von 102 600 im Jahr 1898 auf 77 000 (1902) und schließlich sogar auf 8700 im Jahr 1904 – und der Fahrradverkauf brach im selben Zeitraum um achtzig Prozent ein. Das Ende des Fahrradbooms erfolgte Jahre vor dem Erscheinen erschwinglicher Automobile: Das preiswerte Ford-Modell-T gab es erst 1908, es war aber damals für viele unerschwinglich. Aber das Fahrrad verschwand ja keineswegs, sondern war weiterhin für viele Pendler das Mittel der Wahl. Und in Europa hatten die amerikanischen Dumping-Exporte für Preissenkungen gesorgt, sodass nun fast alle Schichten Rad fahren konnten.

Die wirtschaftlichen Folgen

Das Verschwinden der Pferde

Seitdem das Fahrrad sich vom Renngerät zum Verkehrsmittel gemausert hatte, musste die konkurrierende Verkehrswirtschaft empfindliche Einnahmeverluste hinnehmen. Autor Bertz beschrieb 1900 die Folgen, wobei er – wie damals üblich – das gesamte Radfahrwesen als Radsport bezeichnete. Andere unterschieden zwischen kompetitivem Radrennsport und alltäglichem Radfahrsport, von dem auch Bertz sprach:

> *Ein großer Teil der Erbitterung, die das Publikum dem Radfahrsport entgegenbringt, erklärt sich aus der Sorge um die eigene Existenz, welche durch die Konkurrenz des Fahrrades auf vielen Erwerbsgebieten gefährdet wird. Wenn die Fahrradfabrikanten das Verdienst für sich in Anspruch nehmen, die nationale Industrie gehoben und dadurch den Volkswohlstand gemehrt zu haben, so verschweigen sie, daß ihr Gewinn auf fremde Kosten zustande kommt. Es darf zwar für sicher gehalten werden, daß das Fahrrad im Großen und Ganzen nicht nur die Summe der idealen Kulturgüter, sondern*

auch das nach Mark und Pfennig berechenbare Nationalvermögen gesteigert hat. Eine Maschine, die durch Gesundheitsvermehrung direkt und Zeitersparnis indirekt die Menschenkraft vervielfältigt, erhöht auch die Arbeitsleistung und deren Ertrag.

Das *New York Journal of Commerce* schätzte 1896, dass die Fahrradbegeisterung anderen Wirtschaftszweigen 112 Millionen Dollar Verlust im Jahr eingebracht hatte. Schlimm traf es vor allem die Pferde und das mit ihnen verbundene Geschäftsleben. 1895 wurden in sieben amerikanischen Großstädten 240 000 Pferde weniger gezählt als noch im Jahr zuvor. Allerdings darf man nicht außer Acht lassen, dass auch die Elektrifizierung der Straßenbahn dazu beitrug. Pferdezüchter und -händler, Stallvermieter und Lohnkutscher, die damaligen Taxifahrer gewissermaßen, standen vor dem Nichts. Ein New Yorker Pferdehändler versuchte dennoch, sich Mut zu machen:

Die Leidenschaft fürs Radfahren ist zu heftig, als dass das so bleiben könnte, und in ein bis zwei Jahren wird das Pferd wieder seinen Platz im Interesse und in der Zuneigung von Männern und Frauen finden.

Doch die Pferdepreise sanken weiter und der Pferdemarkt sollte sich nicht wieder erholen. Als einziger lohnenswerter Erwerbszweig blieb den Züchtern der Pferdesport. Auch die Preise für Fuhrwerke fielen in den Keller, einige Hersteller mussten aufgeben.

Vor der Einführung des Fahrrads zählte zum Anwesen eines gut situierten Stadtbewohners eine kleine Remise für Ross und Wagen hinterm Haus, mit einem Heuboden und Hafersäcken. Diese stand nun jahrelang leer, bis sie später als Garagen für das Ford-Modell-T eine neue Bestimmung fanden. Das Personal reicher Haushalte, das sich ausschließlich um die Pferde gekümmert hatte, musste sich nun neue Jobs suchen, wie der Bericht eines New Yorker Untergärtners zeigt:

> *Seit die Herrin zum Radfahren überging, ist die Dienerschaft verkleinert worden. Es gibt vier junge Damen, und alle sind Jüngerinnen des Rads. Die jungen Männer der Familie sind glühende Radfahrer, von den Pferden sind einige verkauft worden, die Stallknechte wurden entlassen und die ganze Stallwelt ist jetzt an die Kutscher und einen Stalljungen gefallen. So häufig fahren die Mädchen weg, dass es ratsam schien, auf die Dienste eines Hausmädchens zu verzichten, über welchen Verlust die Köchin Klage führt, da infolgedessen viele Extrapflichten nun in ihre Zuständigkeit fallen.*

Die Hersteller von Zubehör wie etwa Zaumzeug orientierten sich um und produzierten nun Fahrradsättel.

Da war es ein schwacher Trost, dass der Versuch eines Mr. Mosely in Wyoming scheiterte, die Pferde seiner Cowboys durch Fahrräder zu ersetzen. »Der billigste Grünkrämer-Esel frisst in einer Woche mehr, als die Reparaturkosten des Rades in einem ganzen Jahr ausmachen«, errechnete ein Engländer namens Stead in einem Empfehlungsschreiben für seinen Rover, das erfolgreiche Niederrad Starleys. Die Aussicht auf die baldige Verdrängung der Pferde verleitete zu den schönsten Zukunftsvisionen:

> *Die Pferde werden von den Straßen verschwinden, wie sie von den meisten Tramways verschwunden sind. Vollkommen glattes, nach wissenschaftlichen Grundsätzen angelegtes Pflaster wird folgen, und da es nicht mehr von den Hufen der Pferde zerstampft wird, werden die Kosten seiner Erhaltung sich auf ein Minimum verringern. Massen von leichten, durch Elektrizität getriebenen Fuhrwerken werden geräuschlos in jeder Richtung dahineilen. Aller Lärm und alles Gerassel der Straßen wird so gut wie aufhören, und damit viel von der Nervosität der Stadtbewohner. Das Straßenreinigen wird beinahe ein Ruheposten werden.*

Weitere Verlierer

Natürlich entzog die Anschaffung der kostspieligen Fahrräder anderen Geschäftszweigen enorm viel Kaufkraft. Oder wie man damals sagte: Es können nicht eine Million Leute für je achtzig Dollar ein Fahrrad kaufen und dann noch so viele andere Dinge erwerben, wie sie sonst gekauft hätten. Als Erste bekamen dies die Händler von Luxusgütern zu spüren. Besonders laut schrien die Hersteller von Schmuck und Uhren auf. Sie sagten, dass die Leute früher eine goldene Taschenuhr gekauft hatten, wenn ein Sohn Kommunion oder Konfirmation feierte. Jetzt bekam er ein Fahrrad. Die Mädchen hatten ihr Taschengeld für Ohrringe, eine Brosche oder ein Medaillon gespart, jetzt musste es ein Fahrrad sein. Die Eltern schlossen sich ihnen an, und somit flossen die gesamten Ersparnisse der Familie nur in eine Richtung. Viele Juweliere gaben ihr Geschäft auf und verlegten sich auf die Fahrradfabrikation. So baute ein New Yorker Juwelier namens John Keim in Buffalo, wo die Elektrizität dank der nahen Niagarafälle billig war, Fahrräder für Großeinkäufer wie das Versandhaus Sears, Roebuck & Co. Die für ihre fortschrittliche Fertigungstechnik bekannte Fabrik wurde dann von Henry Ford für seine Automobil-Produktion aufgekauft und nach Baton Rouge verlegt.

Möbelhändler beklagten sich, sie hätten Mütter ihren Töchtern sagen hören, sie hätten die Wahl zwischen neuen Möbeln fürs Kinderzimmer oder einem Fahrrad, und die Wahl sei unvermeidlich auf das Fahrrad gefallen. Jungverheiratete hatten zuvor oft auf ein Klavier gespart, und was die amerikanischen Klavierbauer nun erlebten, zeigt der Leserbrief eines solchen aus Minneapolis:

> *Ich habe viele Pianos an frisch verheiratete Paare verkauft. Manchmal haben sie die auf Raten gekauft. Oft hatten sie genug gespart, um das Instrument bar zu bezahlen … Das war eine gute Einnahmequelle für den Pianohändler. Und was ist jetzt, nachdem das Fahrrad*

in die Volksgunst kam? Nun, die jungen Leute, die sonst auf ein Piano sparten, sparen jetzt auf zwei Fahrräder. So ist der Stand. Andere Pianohändler werden Ihnen dasselbe sagen. Zwei Fahrräder können zum Preis eines Pianos angeschafft werden und vielleicht machen sie Spaß oder auch nicht ... Es sieht so aus, als ob die einzige Chance für Pianohändler in der Kombination des Pianos mit einem Fahrrad liegt.

Autor Bertz bestätigte diese Beobachtungen auch für Deutschland, fügte aber hinzu:

Sowenig man ihnen und allen übrigen Geschäftsleuten, welche der Umschwung betrifft, sein Bedauern versagen wird – für die Welt ist es kein Unglück, wenn ein gesunder Sport entbehrlichen Luxus verdrängt, ja die Verminderung des schon längst zum Unfug ausgearteten Klavierspiels talentloser Mädchen wäre ein Segen für den ruheliebenden und geistig arbeitenden Teil der Bevölkerung!

Da sprach er wohl aus leidvoller Erfahrung, die er in seiner Potsdamer Mietwohnung gesammelt hatte.

Das Fahrrad beeinflusste auch den Alkoholkonsum, denn wie die Liga der amerikanischen Radmänner in ihrem Mitgliederblatt schrieb:

Das Fahrrad ist seiner ganzen Natur nach ein Abstinenzler. Es ist gut in Kurven, aber nicht so gut im

Roggen-Dusel [d.h. im Whiskeyrausch]. Neben guten Lungen muss ein Bicyclist einen klaren Verstand und ein gutes Gewissen haben.

Tatsächlich mieden nun Tausende von Radfahrern die Saloons, und deren Betreiber beklagten den Rückgang und die Prohibition vehement. Die Präsidentin der christlichen Frauen-Temperenz-Bewegung, Frances Willard, äußerte, dass das Fahrrad einen stärkeren Einfluss zugunsten der Abstinenz ausgeübt habe als ihre Organisation es je gekonnt hätte. Hierzulande beobachtete Sigmund Freud die Entwicklung in Amerika skeptisch:

Dort will man jetzt den Menschen – offenbar unter dem Einfluss der Frauenherrschaft – alle Reiz-, Rausch- und Genussmittel entziehen und übersättigt sie zur Entschädigung mit Gottesfurcht. Auf den Ausgang dieses Experiments braucht man nicht neugierig zu sein.

Die amerikanische Prohibition wurde zwar in den 1920er Jahren aufgehoben, aber das Fahrrad dürfte doch zu einem bleibenden Verhaltenswandel beigetragen haben – manche County ist noch heute »trocken«.

Die Vorsitzende des Berliner Damen-Radfahr-Clubs, Amalie Rother, vertrat da 1897 ganz andere Ansichten:

Trotzdem hat der vielgeschmähte Alkohol unter Umständen auch seine guten Seiten. Von all den vielge-

priesenen Stärkungsmitteln, Kola usw. habe ich nie eine erhebliche Wirkung verspürt. Dagegen ist ein Schluck vom allerbesten Cognac oder Rum von geradezu zauberhafter Wirkung bei äußerster Ermüdung und Abspannung. Lange hält diese Wirkung natürlich nicht an, es ist aber auch genug, wenn man durch sie an ein sonst vielleicht nicht erreichbares Ziel kommt.

Die Erwähnung der Kolanuss aus Westafrika lässt aufhorchen. Offenbar gab es einen zunehmenden Bedarf an »Stärkungsmitteln«, und die Kolanuss versprach mehr noch als Kaffee die Ermüdung hinauszuschieben. Das *Handbuch des gesamten Radfahrwesens* stellte 1900 fest,

dass es unzählige Radler gibt, für die es Lebensbedürfnis ist, jeden, der ihnen in Sicht kommt, zu überholen. Wehrt sich dieser aus demselben »Ehrgeiz«, so ist eine kleine Wettfahrt fertig, ein Zweikampf, der oft recht erbittert bis zur Niederlage einer Partei ausgefochten wird. Meist sind dann, wenn es sich um »untrainierte«, das heißt nicht an systematische Muskelübung und Atmung gewöhnte Leute handelt, beide Kämpfer ausgepumpt und völlig »fertig«.

Dazu brauchte man unbedingt die neuen »künstlichen Reizmittel« wie Kolawein, Kolazucker oder Kolalimonade. Coca-Cola war schon ab 1886 erhältlich, verdankte aber wohl den ersten Erfolg vor allem dem Fahrradboom der 1890er Jahre. Der Arzt Dr. Carl Fressel beschreibt in seinem Fahrradbuch einen Selbstversuch mit »Dallmann's Kola-Pastillen«:

> *Sobald sich ein Müdigkeitsgefühl einstellte, wurden 2–3 Kola-Pastillen genommen. Die Wirkung stellte sich stets prompt ein. Nach etwa einer Viertelstunde hatte ich ein Gefühl, als ob die Müdigkeit geringer wird, die alte Energie des Körpers kehrte zurück und ohne daß ich etwas von Ermattung spürte, setzte ich die Fahrt neubelebt und angeregt fort. Nicht allein das Gefühl der Mattigkeit, sondern auch das des Hungers und ganz besonders des Durstes, welch letzteres oft den Fahrer in schrecklicher Weise belästigt, schwindet und man wird frohen Mutes auf der staubigen Landstraße weitereilen … Hauptsache bleibt, daß größere Kreise auf die vorzüglichen Eigenschaften obiger Frucht aufmerksam gemacht werden und dieselbe in Radfahrerkreisen immer mehr Aufnahme findet.*

Die Kolapräparate »Sarotti« seien ähnlich gut und in der Belle-Alliance-Straße Berlins zu erhalten, und man beginnt zu ahnen, dass auch die ehrwürdige Schokoladen-Marke mit dem Sarotti-Mohren ganz selbstverständlich den Radler Ehrgeiz bediente. Kokain und Koka-Produkte gab es in Form von Cocazigaretten, Cocatabaken oder als Cocaessenz, welche der Mediziner Dr. Otto Ekarius eigens für Radfahrer entwickelt hatte: »Eine schädliche Nebenwirkung ist dabei nicht zu beobachten.« Vor Missbrauch warnte in seinem Ratgeber *Das Radfah-*

ren und seine Hygiene einzig der Bonner Anatom Paul Schiefferdecker. Natürlich dopten alle Sechstage-Rennfahrer wie wild, um ihre Erschöpfung hinauszuzögern, aber dies wurde damals von den Kokain konsumierenden Normal-Radfahrern als selbstverständlich erachtet. Doping war gesellschaftlich akzeptiert. Kokain- und Kolamuntermacher zählten also zu den Gewinnern des Booms.

Am schwersten bei den Genussmitteln traf es jedoch den Tabakhandel. Laut Autor Bertz hat sich der Zigarrenverbrauch durch den Siegeszug des Radfahrens in Amerika dermaßen verringert, dass im Schnitt eine Million Zigarren pro Tag weniger geraucht wurden als zuvor. Seit Beginn des Booms bis Sommer 1896 waren so siebenhundert Millionen Zigarren weniger verkauft worden. Denn auf zwei Rädern hatte man keine Hand frei, um die Zigarre zu halten, und eine sichere Ablage gab es auch nicht. Die Tricyclisten hatten es da etwas besser. Sie konnten aufsteigen, sich setzen, die Pfeife herausholen, stopfen und anzünden, ohne gleichzeitig um die Balance kämpfen zu müssen. Auf einem Selbstbildnis ist der spanische Maler Ramon Casas per Tandem unterwegs zu sehen, wie er seine Zigarre in einen Pfeifenkopf geklemmt raucht. Selbst Süßigkeiten verkauften sich weniger, weil sie beim Radfahren das Atmen behinderten.

Auch die Unterhaltungsindustrie wurde in Mitleidenschaft gezogen. Alle sparten 1896 an Theater-Tickets, um ein Fahrrad zu kaufen. Danach wurde es nicht besser. Die jungen Leute fuhren lieber Rad, als ins Theater zu gehen, selbst im Herbst und in milden Wintern. Ein New Yorker Wandertheater-Manager klagte:

> *Sobald Frühling ist, fahren sie jeden Matinee-Tag und jeden Abend und lassen das Theater öde und leer. Wir machten jeden Sommer ein gutes Geschäft in Baltimore, Washington und Boston, aber jetzt hat das keinen Zweck mehr. Die Theater-Saison ist gestorben, sobald die Straßen fürs Radfahren gut sind. Ich sage Ihnen: Es ist allein das Fahrrad, welches das Theatergeschäft in den Ruin treibt.*

In Chicago mussten deshalb die Sonntagsaufführungen ganz eingestellt werden. Darunter litten wiederum die Barbiere und Friseure. Dort hatten die Kunden ihren Rasierpinsel und Seifentiegel stehen und kamen vor einem Theaterbesuch oder sonstigen abendlichen Aktivitäten vorbei, um sich rasieren zu lassen. Der Kommentar eines New Yorker Barbiers sagt alles:

> *Es ist nichts mehr drin in meinem Geschäft. Bevor der Fahrrad-Wahn uns traf, kamen die Männer samstags herein für eine Rasur und Haareschneiden und womöglich auch Haarewaschen, um ihre Freundinnen abends ins Theater oder sonst wohin auszuführen. Jetzt fahren sie auf dem Fahrrad los und es ist ihnen egal, ob sie rasiert sind oder nicht. Sehen Sie, dass das unser Geschäft schädigt, liegt daran: Wenn ein Mann heute auf die Rasur verzichtet, können wir ihm mor-*

gen nicht zwei Rasuren verkaufen. Diese Rasur ist auf immer verloren.

Wenn es schon den Theatern schlecht ging, überstanden Bücher, Zeitungen, Buchhandlungen und Verlage den Fahrrad-Wahn nicht viel besser. Vielfahrer waren eben keine Vielleser mehr. Ein großer Sortimenter in New York bezifferte seinen Verlust im Jahr 1886 durch die Konkurrenz des Fahrrads auf eine Million Dollar. Große Verlage wie Putnam oder Scribner beklagten sich heftig, nicht dagegen Harper, denn *Harper's Bazaar* enthielt genügend Fahrrad-Nachrichten, um die Leser bei der Stange zu halten. In Frankreich äußerten schon zwei Jahre früher die Brüder Goncourt in einem Schreiben an ihren Verleger die Befürchtung, dass die Auflagen ihrer Bücher zurückgehen würden, seit die Leute mehr Rad fuhren, als zu Hause Bücher zu lesen. Ein Kolumnist der *Berliner Stadtzeitung* namens Bär veröffentlichte im Mai 1899 eine persönliche Statistik: In einem Zeitraum von acht Wochen, in dem er nur 92 Bücher tragenden Menschen begegnete, habe er 2417 Personen mit Lawn-Tennisschlägern gesehen, während zugleich mehr als 50 000 Radfahrer an ihm vorüberfuhren. Philosoph Bertz gab ebenfalls seinen Kommentar ab:

Das allerdings wäre ein böses Zeichen; denn auf den Niedergang des Bildungsstrebens müßte auch ein Niedergang der Kultur folgen. Aber nicht jedes Buch ist bildend, und wenn weniger fade Unterhaltungslektüre begehrt würde, so wäre das eher ein Gewinn.

Tatsächlich boykottierten deutsche Bibliothekare die damals erschienenen Fahrradbücher derart, dass von den meisten nur die Pflichtexemplare in der jeweiligen Landesbibliothek erhalten waren, bis Verfasser diese jüngst als Reprint neu herausgeben konnte. Überdies konstatierte Bertz:

> *Empfindlicher noch werden durch den Radsport die Schneider und Schneiderinnen geschädigt, da beide Geschlechter sich beim Radeln mit den billigen Sportkostümen begnügen, die von dem männlichen Geschlecht größtenteils sogar fertig gekauft werden.*

Dadurch hielten die guten Kleider eine Ewigkeit, und die Clubuniformen gab es in allen Größen von der Stange. Das Geschäft der Schneider und Schneiderinnen ging in Amerika um 25 Prozent zurück und erholte sich nie wieder, denn durch die Radfahrer verdrängte die Konfektionsmode die Maßkleidung. Auch gutsituierte Mädchen saßen nicht mehr abends in feiner Kleidung zu Hause, sondern schwärmten in Sportkostümen von der Stange von zu Hause weg. Von den rund 20 000 New Yorker Schneidern wurden 8000 arbeitslos. Bertz weiter: »Ebenso übel sind die Putzmacherinnen und die Hutmacher dran«, denn die Radfahrer trugen billige Kappen und verzichteten auf teure Hüte. Ein erzürnter amerikanischer Branchenvertreter plädierte für ein Gesetz, das alle Radfahrer verpflichten sollte, jährlich zwei Filzhüte zu kaufen. Dasselbe Bild zeichnete sich bei den Schustern ab, wie Bertz berichtete:

> *Ganz besonders schwer ist die Einbuße des Schuhmachergewerbes, da man sich zum Radfahren der niedrigen, zum geringen Preis fertig käuflichen Strandschuhe bedient, die zudem auf den Pedalen äußerst langsam abgenutzt werden.*

Und er versetzte gleich noch der Polizei einen Seitenhieb:

> *In Deutschland freilich greift die hohe Polizei diesem notleidenden Stande unter die Arme, indem sie die Radfahrer in väterlicher Fürsorge zwingt, ihre Maschinen zu schieben und das leichte Schuhwerk auf dem schlechten Pflaster zu zerreißen.*

An sich sollten die Fahrräder durch den Transport von Personen und Gütern die Geschäfte erheblich beflügeln, nicht so aber bei den amerikanischen Klempnern. In Indianapolis nahm ihre Zunft mehrere Resolutionen an, die den Gebrauch von Fahrrädern bei der Arbeit verdammten. Der Grund war, dass dadurch die Klempner ihre Arbeit zu schnell erledigten. Aus Kundensicht war es so, dass der größte Teil des Zeitaufwandes darin bestand, am Ort des Reparaturauftrags untätig herumzusitzen, während der Gehilfe, um irgendetwas zu besorgen, zur Werkstatt zurückmüsse. Also argumentiere die Klempnerzunft von Indianapolis zu Recht: Hat dieser dafür ein Fahrrad zur Verfügung, erfahre das Klempnergeschäft einen tödlichen Schlag, denn nur ein Wahnwitziger würde sich darauf einlassen, die Reparaturdauer unnötig kurz zu gestalten.

Profiteure des Fahrradbooms

Bevor schließlich die Abwärtsspirale zum billigen »Spezialfahrrad« einsetzte, machten die Hersteller weltweit satte Gewinne. Aber auch das Geschäft der Hersteller von Zubehör florierte. Nur ein Beispiel: Die Fahrradbeleuchtung war ein prächtiges Zusatzgeschäft geworden, zunächst mit Öllampen. Denn die Fahrräder gelangten damals ohne Beleuchtung an den Käufer. Olivenöl, Walöl oder Rapsöl wurde bevorzugt, da Petroleum rußte und seiner Verunreinigungen wegen unangenehm roch. Seit 1895 gab es das industriell gewonnene Karbid, das beim Beträufeln mit Wasser Azetylengas freisetzte, welches beim Verbrennen ein so helles Licht erzeugte, dass es die Werbung mit Sonnenlicht verglich. Bald gab es in allen Fahrradländern Hersteller der Karbidlaternen aus Blech, deren Betrieb und Reinigung aufwendig und wegen möglicher Explosionen nicht ungefährlich war – ein Faszinosum allein für Männer. Man versuchte deshalb für Frauen schon früh, elektrische Batteriescheinwerfer zu bauen, doch die zerbrechlichen Glühfäden der Birnchen hielten den Erschütterungen oft nicht stand. Die Karbidlampen besaßen einen Karbidbehälter unten und darüber einen kleinen Wassertank, von wo das Wasser, durch einen Hahn portioniert, herabtropfte. Ein flexibler Schlauch leitete das entstandene Azetylengas in den Keramikbrenner, aus dem das Gas durch zwei oder mehr Bohrungen strömte und verbrannte. Indem man den Schlauch zusammendrückte, konnte man die Flamme zum Erlöschen bringen, aber die

Gasentwicklung ließ sich nicht stoppen. Vor der Fahrt musste man abschätzen, wie viel Karbid man brauchen würde, und entsprechend vorsorgen. Ging die Flamme unterwegs aus, musste man absteigen und sie wieder anzünden. Manche Karbidlampen hatten extra ein wasserdichtes Fach für Streichhölzer. Andere konnte man ohne abzusteigen neu anzünden, indem man einen Hammermechanismus wie in einer Spielzeugpistole betätigte, der auf einer Papierband-Amorce kleine Explosionen auslöste. Nach der Fahrt musste man die Lampe abnehmen und reinigen, denn das gewässerte Karbid hatte die unschöne Eigenschaft, innen an den Blechwänden festzubacken. Deshalb haben britische Fahrräder bis heute einen Lampenhalter in Form eines Blechwinkels, von dem man die Lampe nach oben abziehen kann. Oft war aber am Ende der Fahrt das Karbid noch nicht aufgebraucht und gaste weiter. Dann musste man die Lampe ins Freie stellen, damit im Zimmer kein explosives Gemisch entstehen konnte. Das Putzproblem wurde schließlich gelöst, indem man in festes Papier abgepackte Karbidmengen für bestimmte Entfernungen kaufen konnte. Das verbrauchte Karbid konnte dann mit der Verpackung sauber entfernt werden. Nach den ersten deutschen Karbidscheinwerfern für Fahrräder baute die Oberrheinische Metallwarenfabrik zu Mannheim nebst vielen anderen auch Karbid-Scheinwerfer für Motorräder und Automobile, bis in die 1920er Jahre. In Indien werden sie für Fahrräder noch heute gebaut. Erst mit der 1911 erfolgten Einführung von Glühbirnen mit unempfindlichen Wolframwendeln hatte der kleine elektrische Dynamo eine Zukunft, den Alfred Weber aus Leipzig 1886 hatte patentieren lassen. Sein Brot- und Buttergeschäft waren damals Halterungen für Fotoapparate an Bicycles und Tricycles gewesen. Neben den vielen Zubehörteilen zum Anbauen an das Fahrrad gab es aber auch Luxusutensilien wie eine auf den Lenker montierte Spieldose für Lochplatten, um bei der Fahrt Musik zu hören.

Dienstleister rund ums Fahrrad gehörten natürlich ebenfalls zu den Gewinnern dieser »Mobilmachung«. Allerorten eröffneten Fahrschulen, meistens noch in Sälen. Und die Fahrstunden konnten sich summieren, so man Münchens Romancier Ludwig Ganghofer Glauben schenkt:

> *Der eine scheint wie für das Rad geboren und avanciert schon nach wenigen Stunden zum »Freifahrer links herum«, zu dieser ersten Gefreitenwürde des angehenden Radlers – der andere quält sich im Schweiße seines Angesichtes Wochen und Monate lang.*

Es gab spezielle Fahrschulen nur für Frauen mit weiblichen Fahrlehrern. Oder aber die männlichen Fahrlehrer unterstützten ihre Elevinnen mittels eines Nierengurts mit Haltegriff, damit sie die Damen nicht am Körper berühren und halten mussten. Aus Amerika ist eine Anlage im Freien bekannt, wo die Fahrschüler mit einem Gurtzeug in eine oben umlaufende Schiene eingehängt wurden, damit sie nicht mehr zu Boden stürzen konnten.

Reparaturwerkstätten waren weitere naheliegende Profiteure, in Deutschland wurden sie meist von bereits etablierten Nähmaschinenmechanikern betrieben. Aber wer käme auf die Idee, einen Lebensreformer wie den im Königreich Württemberg gebürtigen Gustav Jäger zu den Glückspilzen zu zählen? Dieser hatte es vom Hauslehrer in Wien zum Professor für Biologie und Zoologie am Stuttgarter Polytechnikum gebracht. Sein Credo war schon früh, dass der Mensch mit den Tieren näher verwandt sei als mit den Pflanzen und er sich deshalb in tierische Stoffe kleiden solle und nicht in pflanzliche – also etwa Schafwolle und keinesfalls Leinen oder Baumwolle. Systematisch konnte er innerhalb der starken Lebensreformbewegung der damaligen Zeit sein »Woll-Regime« ausbauen und der Stuttgarter Textilindustrie neue Kunden und einen Boom bescheren. Alles musste aus Wolle sein: Anzüge, Hemden, Unterwäsche, Zehensocken und sogar Taschentücher. Bis in die Nachkriegszeit gab es noch den Bleyle-Anzug für Knaben, der für Reparaturen an die Stuttgarter Strickfabrik eingesandt werden konnte. Die Anhänger der Jägerschen Thesen wurden als »Wollene« bezeichnet und er selbst als »Woll-Jäger«. Und zu diesen Wollenen zählten illustre Persönlichkeiten wie der württembergische König Wilhelm II., Helmuth Graf Moltke oder der Fabrikant Robert Bosch. Der befreundete Schriftsteller Karl May schrieb an Jäger: »Ich bin noch kein einziges Mal unwohl gewesen. Warum? … Ich sage dreimal Wolle, Wolle, Wolle!«

Auch andere Anhänger bezeugten positive Erfahrungen mit Jägers sogenannter »Normalkleidung«: Ein Ingenieur und ein Architekt versicherten übereinstimmend, seit sie Kleidung aus Wolle trügen, gehe ihnen das Zeichnen sicherer und leichter von der Hand, sie bräuchten nicht so oft zu korrigieren. Eine Klavierlehrerin berichtete, sie greife jetzt viel seltener daneben und getraue sich an viel schwerere Stücke mit vielen Kreuzen oder b. Ein Geistlicher rühmte die weit höhere Geläufigkeit und Sicherheit beim Predigen. Ein Lehrer äußerte, es entgehe ihm jetzt viel seltener irgendeine Unart seiner Schüler und er ärgere sich weit seltener.

Es fällt schwer, hier keine Satire zu schreiben, aber es dürften tatsächlich die Radfahrer gewesen sein, die Jäger vollends zum reichen Mann machten. Ohnehin zu den Progressiven zählend, waren sie für die Lebensreform-Ideen besonders empfänglich, und die Wolltrikots scheinen sich bewährt zu haben. Alle deutschen Fahrradbücher der Zeit empfahlen unisono wollene Unterkleidung und Trikots. Immerhin zitiert das Buch *Fahrrad und Radfahrer* von Wilhelm Wolf 1890 noch die Konkurrenten (Dr. Lahmann empfand Wolle auf der Haut etwa als zu kratzig):

> *Die Unterkleider wähle man vor allem aus bester reiner Schafwolle, da solche, selbst wenn sie mit Schweiß durchtränkt sind, niemals das Gefühl der Kälte auf der Haut hervorrufen, wie dies bei Seide und Leinwand der Fall ist; es wird also durch solche wollene Unterkleidung, Jägerhemden und Jägerbeinkleider, jeder Erkältung möglichst vorgebeugt. Auch baumwollenes*

Unterzeug, wie es Dr. Lahmann vorschlägt, ist nicht zu verwerfen. Im Gegensatz zu Professor Jäger hat Albin Schumann zu Limbach in Sachsen, wohl der einzige Fabrikant, welcher sich mit der ausschließlichen Erzeugung von Sportskleidung befaßt, ein sogenanntes Universal-Trikothemd hergestellt, welches die Nachtheile der Jägerhemden beseitigt.

Der Schriftsteller George Bernard Shaw, ein kühner Radfahrer, war ebenfalls ein »Wollener«. Mit Jägers Lizenz fürs ganze britische Empire ausgestattet, wurde in London von seinem Anhänger Lewis Tomalin ein Jaeger-Laden gegründet und entwickelte sich prächtig. Bald gab es Jaeger-Shops überall im Empire, und nach dem Ersten Weltkrieg entwickelte sich Jaeger zu einem Textilkonzern mit Werken im Inland und eigenen Schafherden in Australien und Neuseeland. Man blieb der Tierwolle treu, in den 1930er Jahren wurde in einem solchen Werk der Kamelhaarmantel kreiert. Heute ist Jaeger ein angesehenes Mode-Label im Vereinigten Königreich, sein Aufschwung aber ging auf die Radfahrer vor dem Ersten Weltkrieg zurück.

Unverhofftes Glück bedeutete der Fahrradboom für die vom Postkutschenverkehr verlassenen Landgasthöfe, die vom Eisenbahn-Netz abgeschnitten waren und deshalb keine Gäste mehr hatten. Auch Fracht-Fuhrleute kehrten nicht mehr ein, weil die Fernfracht auf die Schiene verlagert worden war. Doch plötzlich kamen nun Ausflügler in Massen per Fahrrad aus den Städten und fielen hungrig und durstig in die alten Landgasthöfe ein. Hatten bisher Tränken die Bedürfnisse der Pferde befriedigt, wurden stattdessen nun Fahrradabstellplätze installiert. Für die Berliner Radfahrer war das westlich gelegene Werder ein Ziel, wie Bertz berichtete:

> *Eine lebendige Anschauung der ungeheuren Verbreitung des Rad[fahr]sports gewinnt man, wenn man an einem Sonntag zur Zeit der Baumblüte den Straßenzug beobachtet, der von Berlin nach Werder führt. Eine ununterbrochene Kette von Rädern zieht an solchen Tagen in den Vormittagsstunden über eine Strecke von einigen vierzig Kilometern von der Metropole bis zu dem märkischen Inselstädtchen, und wenn abends der ganze Zug mit leuchtenden Laternen den Heimweg antritt, ist es bis tief in die Nacht, als ob eine endlose Prozession riesiger Glühwürmer sich dahinbewege.*

In den Vereinigten Staaten machten die Farmerfamilien sich an die Verpflegung der Radtouristen, stellten Tische und Bänke unter Schatten spendenden Bäumen auf und verdienten durch die Bewirtung ein Zubrot. Die Fahrradclubs trafen in allen Ländern Vereinbarungen mit den Hotelbesitzern zwecks Rabatten für ihre Mitglieder. Im Gegenzug erhielten die Hotels Club-Plaketten, die gut sichtbar am Eingang angebracht wurden. Außerdem wurden die Hotels in den Mitgliederzeitungen erwähnt. Sie überboten sich mit Sonderaktionen für die Radfahrer. Im Staate New York lockte zum Beispiel ein Hotelier, indem er dem ersten Radfahrer, der an Neujahr eintreffe, eine Flasche Wein versprach.

Der Radtourist gelangte schnell auf unbekanntes Terrain und musste die Orientierung behalten. Daher wurden allerorten Kartenwerke für Radtouristen gedruckt – es waren überhaupt die ersten nichtmilitärischen. In Deutschland entwarf der beim königlich-sächsischen Generalstab angestellte Geograph Robert Mittelbach ein besonders originelles Kartenwerk: *Mittelbachs Deutsche Straßenprofilkarte*. Auf vielen Blättern deckte es das gesamte Reich und seine Nachbarländer ab, wobei die Höhenprofile der Straße zwischen zwei Orten um deren Verbindungslinie in die Kartenebene geklappt und rot gedruckt wurden. So konnte man anstrengende Steigungen bereits im Voraus identifizieren und nach Alternativen suchen. Allerdings konnte man nun nicht mehr mit dem Kilometer-Messrädchen auf der Karte die Strecke abfahren, um die Entfernung zu bestimmen, denn die stark überhöhten Profile verfälschten die Werte. Daher waren die Entfernungen in Kilometer zu Anfang und Ende des Profils auf der Karte verzeichnet. Ansonsten waren die Karten perfekt, sogar schattige Alleen waren markiert.

Die später durch Vittorio de Sicas Film verewigten *Fahrraddiebe* (1948) durften schon früher – im 1890er Fahrradboom – auf gesteigerte Umsätze hoffen. Deutsche Diebstahlsgeschichten aus dieser Zeit müssen erst noch gefunden werden, aber dafür gibt es amerikanische. In Minneapolis wurde ein Fahrraddieb namens Baker verhaftet, der bereits alle Tricks der heutigen Autodiebe draufhatte: Seriennummern wegfeilen, neu lackieren, zerlegen und anders zusammenbauen. Er hatte früher schon Pferde-Buggys gestohlen. Ein Duo, später bekannt als der »Denver-Ring«, weil sie dort verhaftet wurden, ging so vor: An einem Ort stahlen sie die Fahrräder und sandten sie zerlegt und als Hausrat deklariert per Bahnfracht nach Hause. Nachdem sie vielerorts genug geklaut hatten, fuhren sie selbst mit der Bahn zurück, setzten die Teile wieder zusammen und verkauften die Fahrräder. Bei ihrer Festnahme saßen die beiden auf dem Boden und werkelten, einer ergab sich widerstandslos, aber der andere bluffte: »Halt – oder ich schieße«, doch die Polizisten hatten echte Pistolen dabei. In Chicago mit seinen 200 000 Fahrrädern gab es einen weiteren Diebesring: 63 Fahrräder in zehn Tagen waren ihre Beute, die sie anderswo verhökerten. Selbst zwei Polizisten in Zivil konnten sie nicht stoppen. In New York brach ein Mann in einen Laden ein und stahl drei Fahrräder. Der Richter verurteilte ihn dafür zu neun Jahren Gefängnis. Damit übertraf er sogar die Forderung der League of American Wheelmen (abgekürzt ironischerweise »L.A.W.«) nach einer harten Bestrafung, welche »lediglich« ein Jahr Gefängnis pro Fahrrad verlangt hatte.

Auf dem Fahrrad erlebten auch Einbrecher eine Beschleunigung. Auf Long Island steigerte einer von ihnen seine »Marge« um fast fünfzig Prozent auf fünf Einbrüche pro Nacht. Die abnehmbare Fahrradlampe war ihm bei der Auswahl lohnenden Diebesguts in den Häusern behilflich. Zwei Männer kamen in Western-Manier die Hauptstraße eines verschlafenen Örtchens in Illinois auf

Fahrrädern entlanggefahren, lehnten diese an die Wand der Bank und raubten 10 000 Dollar. Sie entkamen auf ihren Fahrrädern in Richtung einer nahen Sumpfniederung. In Minnesota gingen zwei Männer in Fahrradkleidung mit gezogenen Pistolen in die Bank. Sie verschwanden mit der Beute und ließen zwei tote Männer zurück. Ihre Verfolger konnten einen von ihnen stoppen, der aber erschoss einen Hilfssheriff und entkam. Doch acht Kilometer weiter in Iowa bekam sein Rad einen Plattfuß, er flüchtete zu Fuß in ein Maisfeld, wo er sich schließlich erschoss. Einen Tag darauf wurde der Mittäter geschnappt.

Auch der Straßenraub an Radfahrern nahm zu. In New Jersey wurde ein Nachtfahrer von vier Männern überfallen und ausgeraubt. Auf Long Island rollte nachts eine Sechsergruppe dahin, als der Anführer vom Fahrrad stürzte, weil er mit voller Wucht in einen quergelegten Baumstamm fuhr. Doch nichts weiter geschah, da die Größe der Gruppe den Räuber offenbar abgeschreckt hatte. Als solche Vorfälle sich mehrten, überlegten sich immer mehr Radfahrer, bei Ausfahrten aufs Land eine Waffe zu tragen. Eine Damenschneiderin berichtete, dass sie Revolvertaschen in die Fahrradkleider ihrer Kundinnen nähen musste. Das Versandhaus Sears, Roebuck & Co hatte 1898 ein zusammenlegbares »Fahrradgewehr« im Katalog, das im Lederhalfter tragbar war und entweder als Pistole oder als Gewehr benutzt werden konnte. Das *New York Journal* schrieb 1896, dass Radfahrer bereits seit drei Jahren von Landstreichern belästigt wurden. Mit ein Grund dafür dürfte gewesen sein, dass die USA zu dieser Zeit von einer

Wirtschaftskrise heimgesucht wurden, in deren Folge es viele Arbeitslose gab. Von diesen dürfte ein Teil keine großen Sympathien für schneidige Burschen übriggehabt haben, die einen halben Jahreslohn für ein Fahrrad hinlegen konnten. Die Radler beschlossen deshalb, sich mit Revolvern zu bewaffnen, wodurch auch die Firma Colt indirekt vom Fahrradboom profitierte.

Die größten Profiteure waren aber die Bauunternehmer und Immobilienmakler in den Vierteln fern der Stadtzentren. Durch das Fahrrad konnten Angestellte und bald selbst Arbeiter in die grünen Vorstädte ziehen und von dort in die Fabriken pendeln.

Die Neue Frau, Religion und Gesundheit

Die Möglichkeiten der Radlerin

Wenn irgendetwas verändernd auf den deutschen Charakter wirkt, so wird es die deutsche Frau sein. Sie selbst ändert sich überaus rasch – macht Fortschritte, wie wir es nennen. Vor zehn Jahren würde noch kein deutsches Weib, das auf seinen Ruf hielt und sich einen Gatten erhoffte, gewagt haben, ein Fahrrad zu besteigen. Heute surren sie zu Tausenden durch die Lande. Die Alten schütteln darob den Kopf, aber die jungen Männer, bemerke ich, holen sie ein und fahren ihnen zur Seite.

So beschrieb Autor Jerome K. Jerome den sozialen Wandel in seinem humorigen Roman *Drei Männer auf Bummelfahrt*, der noch immer gedruckt wird. Darin geht es um eine Radtour zu dritt durch Deutschland vor 1900. Die Frauen der ersten Stunde im Kaiserreich hatten es allerdings nicht einfach. Gefangen in der eigenen Kleidung aus steifem Korsett, schwerem Rock und fülligem Unterrock war es ihnen kaum möglich richtig zu atmen, geschweige denn Rad zu fahren. Gesetz und Gesellschaft hielten unverrückbar an der Position der Männer als Haushaltsvorstand und Finanzgewalt fest. Wie befreit müssen die Frauen sich gefühlt haben, als sie erstmals auf eigenen Rädern zu neuen Horizonten aufbrachen.

Vorbild waren die britischen, französischen und vor allem die amerikanischen Frauen gewesen. Das Hochrad hatten seinerzeit nur Artistinnen auserkoren, die als Showgirls zu Männer-Wettrennen tourten, um dort ausgesetzte Prämien einzuheimsen. Darunter war die Ausnahmeerscheinung Elsa von Blumen alias Caroline Kiner, die ihre sportliche Karriere als Läuferin begonnen hatte, um ihre Schwindsucht zu bekämpfen. Auf der Rennbahn von Rochester im Staat New York besiegte die 21-Jährige mit dem Rad in zwei von drei Rennen ein trabendes Pferd mit Sulky. Fünf Jahre später fuhr sie in der Halle 590 Kilometer in 51 Stunden und besiegte zwei Männer, die sich abwechseln durften. Ihre Mission verstand sie so:

> *Indem ich mit meinen Bicycle-Übungen vor Publikum auftrete, biete ich meinem Verständnis nach nicht bloß die aktuell modernste und faszinierendste Unterhaltung, sondern demonstriere auch den großen Bedarf nach Körperkultur und Körpertraining besonders der jungen amerikanischen Damen.*

Doch denen blieben zunächst nur die unerschwinglichen Dreiräder. Wie Elsa auf einem Hochrad in Hosen auszufahren, war damals moralisch undenkbar und auch viel zu gefährlich. Das sah nach Einführung des Niederrads ganz anders aus, wenn man dem *Minneapolis Tribune* von 1894 glaubt:

> *Das Radfahren bringt rasch eine veränderte Einstellung gegenüber den Frauen und ihren Fähigkeiten. Eine Frau zu Rade ist ein unabhängiges Geschöpf und frei, überallhin zu gehen, wohin sie nur will. Dies wurde ihr vor Ankunft des Fahrrads bestritten.*

In München sollen Anfang der 1880er Jahre einzelne Damen als Knaben verkleidet auf dem Hochrad gefahren sein. In Berlin war zehn Jahre später die forsche Amalie Rother, die mit dem Anwalt Dr. Johannes Remling, Rechtsratgeber in der Zeitschrift *Radwelt*, am Blücherplatz wohnte, eine Pionierin. Sie schrieb:

> *Auf den Gedanken, die Kleidung der Maschine entsprechend anzupassen, das heißt, in Hosen zu fahren, wären damals selbst die Kühnsten unter uns nicht geraten. Auf das Dreirad setzte man sich, weil es zur Not ein Fahren im Kleid gestattete. Daß der Rover erheblich leichter und bequemer fahrbar war, sahen wir ja, aber er war uns verschlossen, weil wir ihn nicht im Kleide fahren konnten. Da wurde endlich das Damenrad konstruiert, eine Maschine, die durch Weglassung der oberen Querstange aus dem Rahmen das Fahren im Kleide gestattete … Ohne diese Maschine hätte das*

Damenfahren nie den jetzigen Aufschwung genommen, die besseren Kreise hätten sich viel schwerer zum Fahren entschlossen.

Für den geringen Enthusiasmus der Französinnen zu Tourenfahrten, geschweige denn Rennen, lieferte Amalie Rother eine Deutung aus dem Munde eines französischen Radjournalisten. Hauptsächlich sei die Erziehung der französischen Frau zur Unselbständigkeit schuld. Die Dame der höheren Gesellschaft stecke im Kloster, bis sie ehereif sei. Dann werde der Gatte für sie gesucht und sofort die Ehe geschlossen. Als Mädchen habe sie also keine Zeit zum Fahren, als Frau träten sofort eine Menge gesellschaftlicher Verpflichtungen an sie heran, die eine längere Abwesenheit, wie eine Tour sie verlangt, gar nicht gestatteten. Überdies habe man auch in Frankreich noch nicht vergessen, dass die ersten Fahrerinnen, die sich öffentlich gezeigt hatten, nicht immer ganz zweifelsfrei gewesen seien, wie überhaupt Damen der hohen Aristokratie sich erst seit wenigen Jahren öffentlich auf dem Fahrrad bewegten. Sodann werde die Französin sich nie in derangiertem Zustand zeigen. Und das sei doch auf einer Tour unvermeidlich. Auch dulde der Gatte nicht, dass die Frau sich den Teint ruiniert. Die Französin verzichte für die Reise nie auf ihr Toilettenkabinett. Dessen gesamten Inhalt schleppe sie unbedingt überallhin mit. Das gehe natürlich auf dem Rad nicht an. Diese typisch männliche Sicht konterkarierte die Realität schon 1893 in Paris, wo »die weiblichen Sterne der Oper und der Schauspiele eine Ehre darin suchen, auch schneidige Radlerinnen zu sein« – die zweifelhafte Halbwelt, mit dabei auch Schriftstellerin Colette! Sie machten bei dem Course des Artistes (einem Rennen für Künstlerinnen) mit. Solche Vorbilder bewirkten, dass es 1896 rund 5000 Radlerinnen in Paris gab. Zum Vergleich: In Mannheim hatten 1903 erst 91 Frauen eine Fahrradkarte, fünf Prozent der gesamten Radfahrer dort. Im britischen Königreich trafen sich Radfahrerinnen seit 1897 zum »Hosenkongress«, wobei sie in den unerhörten Kniehosen speisten.

In Leipzig gab es schon 1890 ein Rennen eigens für Vereinsdamen, doch das erste öffentliche in Norddeutschland fand 1893 zu Berlin-Halensee statt. Eine Radzeitung berichtete:

> *Nachdem die erste Curve passirt war, rückte Frl. Markert in Front und versuchte dem Felde davon zu laufen. Frl. Beyer blieb dicht auf, während die anderen etwas abfielen. Auf der vorletzten Längsseite setzte dann Frl. Beyer zum Spurt ein und zog mühelos an Frl. Markert vorbei, dieselbe um mehrere Längen schlagend, während Frl. Caspari, welche erst 14 Tage Rad fuhr, in weitem Abstand folgte … Gegen Frl. Markert wurde, weil sie in Hosen und auf Herrenmaschine gefahren war, seitens ihrer nichtplacirten Colleginnen [in langen Kleidern] Protest eingelegt, welcher aber nicht anerkannt wurde. Natürlich fehlte es nicht an den bekannten Berliner Witzen aus dem Publicum heraus, doch ließen sich die Damen dadurch nicht beirren.*

Amalie Rother, welche auch mitgemacht hatte, war mit dem Erfolg zufrieden:

> *Das wirkte jedenfalls ganz anders, als wenn man irgendwo eine einzelne Frau vom Gejohl des Pöbels verfolgt daherkommen sah. Jedenfalls war für den sportverständigen Teil des Publikums nun das Eis gebrochen. Die Radfahrer achteten uns als gleichberechtigte Kameraden, und der Aufschwung begann … Jetzt [1897] dürften nur noch ganz vereinzelte alte Perückenstöcke es wagen, die Radfahrerin als »unweibliches Wesen« zu bezeichnen. Im Grunewald sieht man manchmal mehr Fahrerinnen wie Fahrer.*

Darunter auch den Maler und späteren Bauhausdozenten Lyonel Feininger, der für Berliner Witzblätter zeichnete. Einstimmig war die Hochachtung der Kameraden noch nicht gewesen, wenn man den Bericht in *Das Stahlrad* liest: »Dieses Rennen … erzielte allerdings nur einen Heiterkeitserfolg, denn von einem wirklichen Rennen war nichts zu merken.« Die Diskussion um die Unweiblichkeit des Radrennens ging jetzt erst richtig los und endete 1896 in einem Verbot der Damenrennen durch den Deutschen Radfahrerbund – welches erst 1967 wieder aufgehoben wurde. Es blieben nur Rothers private Triumphe:

> *Wer von uns hätte sich nicht schon gefreut, wenn es ihm gelang, einige gemächlich dahintrollende Sportskameraden »abzusägen« und dann vergebliche Ver-*

suche derselben, der schneidigen Fahrerin zu folgen, abzuschütteln.

Im Folgejahr wurde der Damen-Radfahr-Club Berlin gegründet, mit Frau Amalie Rother als Vorsitzender. Weitere Gründungen in Altona, Dresden und München folgten im selben Jahr. Unter den rund zwanzig Fahrrad-Zeitschriften und Club-Zeitungen gab es zwei reine Frauenblätter:

- *Draisena. Ältestes Sportblatt der radfahrenden Damen* (1895–1899);
- *Die Radlerin. Sportblatt der radfahrenden Damen Deutschlands und Österreich-Ungarns* (1897–1899, dann weitergeführt als *Radlerin und Radler*).

Die Redakteurin der *Draisena*, Minna Wettstein-Adelt, stellte vorzugsweise Damen des Hochadels auf deren Fahrrad vor. *Die Radlerin* von Josa Matzner, Edle von Heilwerth, war inhaltlich etwas bürgerlicher. Viel Selbstbewusstsein der propagierten »Neuen Frau« schien in den Blättern auf, wenn auch lang nicht so pointiert wie bei Sarah Grand alias Frances Clarke, einer feministischen Autorin und schneidigen Radfahrerin:

Die New Woman hat zu viel Lebensfreude, um sich zu sorgen, ob ihre Fesseln sichtbar werden oder nicht. Zudem hat sie ja wirklich wohlgeformte – und das weiß sie natürlich.

Was sich schickt und vor allem was nicht, sollten die Frauen dem *Vademecum für Radfahrerinnen* entnehmen, das die Redaktion der Zeitschrift *Wiener Mode* 1897 veröffentlichte. Schriftsteller Stefan Zweig brachte in seinen Jugenderinnerungen auf den Punkt, wie die Situation damals war:

> *Daß etwa ein paar junge Leute gleichen Standes, aber verschiedenen Geschlechtes, unbewacht einen Ausflug hätten unternehmen dürfen, war völlig undenkbar – oder vielmehr, der erste Gedanke war, es könnte dabei etwas »passieren«. Ein solches Zusammensein wurde höchstens zulässig, wenn irgendwelche Aufsichtspersonen, Mütter oder Gouvernanten, die jungen Leute Schritt für Schritt begleiteten.*

Radtouren sollten laut *Vademecum* die Frauen nur in Gesellschaft von Familien- oder Vereinsmitgliedern machen. Wenn dann die Kräfte oder das Fahrrad versagten, »sollten die übrigen Teilnehmer nichts daran finden, wenn sich die Dame entgegen den sonstigen gesellschaftlichen Regeln von einem Herrn allein nach Hause begleiten ließ«. Die Notwendigkeit breche in diesem Fall die Gesetze der Etikette, die überhaupt durch die pulsierende Bewegung unwillkürlich an ihrer Steifheit Einbuße erleide. Progressive Männerclubs hatten denn auch für ihre Touren die Regel, dass die langsamste Dame vornewegfahren solle, damit die anderen Teilnehmer das Tempo reduzieren mussten. Das *Vademecum* rät hierzu:

Es ist ein altes, berechtigtes Gesetz der guten Sitte, daß sich Damen in Herrengesellschaft niemals in einem solchen Grade echauffieren sollen, daß sie nicht nur in ihrem ganzen Aussehen zu wünschen übrig lassen, sondern auch unfähig sind, den gesellschaftlichen Anforderungen nachzukommen.

Also bergauf gleich absteigen und zu Fuß gehen.

Die dem *Vademecum* beiliegenden Schnittmuster enthielten Fahrradkostüme zum Nachschneidern, wie überhaupt die Redaktion Mut machte:

Hat die Frau nun sogar das lange Kleid – wenn auch nur beim Radfahren – abgelegt und Pantalons als Nachfolger erkoren und durch diese Umgestaltung ihres Exterieurs den letzten Rest der conventionellen Schüchternheit abgestreift, so kann es ja leicht möglich sein, daß diese Frau immer mehr an Muth und Selbständigkeit gewinnt und dem Manne gar bald eine ebenbürtige Gegnerin wird, die nach einiger Zeit – so fürchten die Engherzigen – die Pantalons für die allgemeine Tracht erklärt.

So weit kommt es jedoch erst in den 1920er Jahren.

Man sollte nicht glauben, dass die Sittenstrenge in den Vereinigten Staaten schwächer gewesen wäre. Die Women's Rescue League in Chicago war bekannt für ihre Forderung, dass alle Junggesellen zwangsweise verheiratet werden sollten. Die League beobachtete, *dass Radfahren von jungen Frauen mehr als irgendein anderes Medium die Gruppe tollkühner Mädchen hat anschwellen lassen, die letztlich in das stehende Heer ausgestoßener Frauen der Vereinigten Staaten abdriften.*

Die Vorsitzende suchte allerdings vergebens Unterstützung für ein Gesetz, um »das unmoralische Radfahren von Frauen« zu verbieten. Ganz anders ein Pastor in Chicago, der zu Gelassenheit gegenüber der Neuen Frau riet. Radfahren würde nicht das Heim schädigen und auch nicht Mutterschaft, Grazie oder feines Benehmen. Es sei genauso schön, eine Frau, die Bloomerhosen trägt, zu lieben wie eine, die das nicht wagt. Das Leben in Amerika sei in jeder Hinsicht großartiger und freier, und wie sich für die Männer der Horizont geweitet habe, so solle er das jetzt auch für Frauen tun. Der Redner forderte schließlich in aller Radikalität das Wahlrecht für Frauen.

Anderswo, zum Beispiel im Staate Kentucky, gab es Kampagnen der Zeitungen mit satirischen Karikaturen gegen das Radfahren von Frauen. Eine Stadt in Florida erlaubte Frauen das Radfahren gar erst 1897. Die Gegnerschaft hatte viel mit der Vorstellung von Schicklichkeit zu tun. Radfahrmanieren waren das große Thema. Zum Beispiel: Soll ein junger Mann eine junge Radfahrerin grüßen, wenn er ihr im Central Park begegnet? Schickt es sich, dass eine junge Dame von einem vorbeiradelnden Mann Hilfe annimmt? Solcher Fragen nahm sich die Zeitschrift *Harper's Weekly* mit der Kolumne »Etiquette der Straße«

an. Wenn ein Herr unterwegs einer Dame in Not begegne, sei es auch für einen Fremden völlig korrekt, ihr zu helfen. Doch eine wahre Dame bringe ihr Fahrrad, falls möglich, sofort in die nächste Reparaturwerkstatt und bleibe nicht am Straßenrand stehen, um auf einen vorbeifahrenden Mann zu warten.

In starkem Kontrast hierzu steht eine Zeitungsnachricht aus Chicago von 1895, in der von einer unpassenden Bemerkung eines »würdigen älteren Herrn« über eine vorbeifahrende Radlerin in Bloomers berichtet wurde. Ihre Antwort war die geballte Faust auf der Nase des Beleidigers. Seine Reaktion, ein verächtliches Gelächter, beantwortete sie unter dem Beifall der Umstehenden mit einem Kinnhaken. Daraufhin suchte der Spötter sein Heil in der Flucht. Ganz ähnlich berichtete die *Draisena* 1897, dass

> *eine Dame einen so pöbelhaft attackierenden Mann durch Selbsthilfe in die Flucht trieb, indem sie kurzentschlossen vom Rad sprang, dem Verblüfften ein paar Hiebe mit der Hundepeitsche gab und dann davonfuhr.*

Die Hundepeitsche war in jenen Tagen ein Standardzubehör. Sie wurde griffbereit am Lenker eingehängt, damit die damals noch viel aggressiveren Vierbeiner abgewehrt werden konnten.

Was das Grüßen von Fremden anging, blieb man unerbittlich:

Es gibt keinen tieferen Grund, dass ein Mann seinen Hut zu einer vorbeifahrenden Radfahrerin lüften dürfte, mit der er nicht bekannt ist, ganz wie zu einem vorbeireitenden, fahrenden oder gehenden Mann. Die Regeln des guten Benehmens ändern sich nicht mit jeder Situation.

Wenn die Radelnden sich kannten, war das natürlich eine ganz andere Situation. Wenn ein Paar zusammen radelte, war der Frau immer der Vorrang zu gewähren, indem sie vorausradeln durfte, was aber die Kommunikation erschwerte. Der *Minneapolis Tribune* erließ weitere Vorschriften für Damen: »Nicht ohne Handschuhe fahren, keine auffälligen Farben am Hut tragen, am Sonntag-Nachmittag ein Tandem nicht ohne einen Herrn fahren« – ein Fremder könnte sich aufgefordert fühlen. Die Sorge um die Schicklichkeit trieb seltsame Blüten: Eine New Yorker Zeitung behandelte das Thema »Räder für Witwen«. Eigentlich müsse während der Zeit der Trauer das Radfahren unterbleiben. Nun aber gebe es von einer Firma ein schwarzes Rad ohne jeden Nickelglanz, das die schickliche Alternative darstelle.

Genau genommen sollten junge Frauen nur mit Anstandsdame ausfahren, aber diese Regel hielt nicht lange, wie eine Zeitung 1896 schrieb:

Um den Anforderungen der neuen Zeit zu genügen, sind neue gesellschaftliche Gesetzmäßigkeiten in Kraft getreten. Eltern, die ihren Töchtern den Theaterbesuch in Begleitung junger Männer nur mit Anstandsdame gestatten würden, lassen sie jetzt mit jungen Männern allein Rad fahren gehen. Dies wird als vollkommen korrekt angesehen.

Der Grund war die gute Kameradschaft unter Radfahrern. Die Mitradelnden würden auf der Straße aufeinander achten, und dadurch sei jede Fahrt überwacht. Da schon das Reiten unverheirateter Frauen ohne Anstandsdame erlaubt war, haben offenbar die Fahrräder als ökonomische Alternative diese Freiheit komplikationslos geerbt.

Die Heiratsaussichten junger Frauen sah eine andere amerikanische Zeitung beim Radfahren gar erhöht. Das Fahrrad sei ein besserer Ehestifter als die eigene Mutter. Und ein Ratsherr in Stamford war gegen Fahrradbeleuchtung, weil diese die Privatsphäre der anbandelnden jungen Leute verletze. Dem Tandem schrieb man ebenfalls Wunderdinge auf dem Weg zur Ehe zu, wenn erst das schwierige Problem der Sitzverteilung gelöst war. Allgemein hielt man es für richtig, dass die Dame vorne saß, um den freien Blick in die Landschaft genießen zu können, statt auf den breiten Rücken des Tandempartners zu starren. Nachteilig war, dass man der Frau das Steuern im Verkehr nicht zutraute – der Mann vorne könnte zudem auch als Windschutz dienen. Die Fahrradhersteller entschieden diese Debatte schließlich, indem sie den Damenrahmen vorne vorsahen.

Für junge Liebespaare erwies sich das Fahrrad in mehreren Fällen als hilfreich, um zur Eheschließung den missgünstigen Eltern zu entfliehen. Aus New Jersey schafften es so zwei junge Leute zur Trauung bei einem Geistlichen, bevor irgendjemand sie einholen konnte. Ein anderes Pärchen telegraphierte den Eltern, dass sie frisch verheiratet auf Hochzeitsreise fahren und dann zurückkehren würden, falls die Räder heil blieben. Im Staate New York riss eine Farmerstochter auf einem Tandem aus, das der Vater ihr trotz der Befürchtung der Mutter geschenkt hatte, dass es die Tochter verderben werde. Auch Verheiratete nutzten das Fahrrad manchmal zur Flucht. Im selben Staat kaufte ein Farmer mittleren Alters seiner 22-jährigen Frau ein neues Fahrrad, doch die Treulose stieg in ihre Bloomers und radelte mit einem Pensionsgast davon, der noch älter war als ihr Mann. Manchmal war das Fahrrad der Scheidungsgrund. Eine Ehefrau in Detroit rief einen Anwalt zu Hilfe, um sie aus einem geplatzten Traum zu befreien. Es habe damit angefangen, dass sie und ihr Mann ein Tandem kauften. Zuerst sei sie äußerst angetan gewesen, weil sie die Anschaffung als den Wunsch des Gatten gedeutet habe, ihr nahe zu sein. Doch dann habe er sich verändert und eine Starrköpfigkeit an den Tag gelegt, welche sie noch nie erlebt habe. Sie hätten in allem Wichtigen disharmoniert, etwa wohin man fahren sollte, wann es losgehen sollte oder wie sie dorthin gelangen sollten. Sie habe genug und verlange unverzüglich die Scheidung, und sie würde lieber ihren Mann als das Tandem aufgeben.

Den deutschen Frauen verboten Sitte und Anstand, sofort aus der üblichen Kleidung aus- und etwa in Hosen einzusteigen. Doch infolge der technischen Zwänge musste der lange Rock nun allen Arten des Radlerinnenkostüms weichen,

> *das zwischen dem kaum sichtbar geteilten Rock, der Pumphose und der eng anliegenden Reithose in verschiedenen Abstufungen variierte. Seine schnelle und allgemeine Aufnahme wurde dadurch erleichtert, daß der Boden in England und Amerika wenigstens theoretisch schon vor der Einführung des Niederrads bereitlag, von Frankreich ganz zu schweigen, wo die männliche Tracht in gewissen weiblichen Kreisen schon längst ihre Freunde gehabt hatte.*

Vorgänger war in Amerika 1851, also noch vor dem Aufkommen der Kurbelvelozipede aus Paris, das »Bloomerkostüm« gewesen, erfunden von der Temperenzlerin Libby Miller, aber benannt nach der Temperenzlerin Amelia Bloomer, die es in ihrer Zeitung propagierte. An den Knöcheln gebundene, bauschige Hosen wurden mit einer kurzen Jacke kombiniert. In der Öffentlichkeit wurden die Trägerinnen beschimpft oder verspottet, und so war das Kostüm 1859 bereits wieder verschwunden; Jahre später wurde es für das Radfahren wiederentdeckt. Erfolgreicher war das britische Bestreben in den 1870er Jahren nach einer vernünftigen Kleidung (»rational dress«) bei der Unterwäsche gewesen, wozu auch die Jägersche Normalkleidung aus der deutschen Reformbewegung passte. Laut Amalie Rother

> *traten vornehmlich zwei Arten des Reformkleides auf, einerseits kurze Backfischröckchen, andererseits das modifizierte syrische Unterkleid [d. h. nicht Unterwäsche], jetzt allgemein als Rational Boston Dress bekannt, ein unten halb sack-, halb hosenartig geschlossener Rock nach dem Vorbilde der orientalischen Frauentracht. Man begründete diesen Stil durch seine Schönheit und Gesundheit und vor allem durch die größere Bewegungsfreiheit, die er gestattet.*

Man unterschied:

- Rockkostüme: der Rock endete oberhalb der Knöchel;
- Kombinationskostüme, d.h. aus Rock und Hose bestehend
  - mit geteiltem Rock oder Rockhose (für das Herrenrad),
  - mit geteiltem Rock mit eingesetztem Vorderteil (für das Damenrad);
- Hosenkostüme (Bloomers, Knickerbockers).

In Deutschland waren 1900 die Rockkostüme am meisten verbreitet, also etwas gekürzte lange Röcke, die man nur auf einem Damenfahrrad tragen konnte. In Frankreich überwogen die Hosenkostüme, mit denen man auch Herrenräder fahren konnte. Die unterm Knie gebundenen Knickerbockers waren nicht so bauschig wie die am Knöchel gebundenen Bloomers. Knickerbockers ist ein Spitzname für die New Yorker, deren holländische Vorfahren in Pluderhosen nach Neu-Amsterdam gekommen waren. Er wurde gebildet nach dem Pseudonym des Autors Washington Irving, welcher als Diedrich Knickerbocker deren Geschichte aufgeschrieben hat.

Die Großstadt New York war denn auch der Schauplatz vieler Zeitungsnachrichten über Vorfälle in Zusammenhang mit der neuen Kleiderordnung. Die Frau eines Dampfschlepper-Kapitäns aus New Jersey trank mit ihrem Mann ein Bier in einer Hafenkneipe, bekleidet mit Hosen statt mit einem langen Rock. Als sie wegen ungebührlichen Benehmens verhaftet wurde, sagte sie dem Richter, dass sie gerne Hosen trage und es überhaupt niemand etwas angehe, was sie in der Öffentlichkeit trage. Wie der Fall ausging, stand nicht mehr in der Zeitung.

Lehrerinnen waren in diesen stürmischen Zeiten häufig die Pionierinnen des Fahrrads, die in Konflikt mit ihren Vorgesetzten gerieten. An der Humboldt School in Chicago erschien Miss Gyda Stephenson in Bloomerhosen. Sie radelte zur Schule und sah keinen Grund, warum sie selbige nicht auch während des Unterrichts tragen sollte. Dies löste eine hitzige Debatte aus. Einige Kollegen griffen die Knickerbockers als im Unterricht unpassend an, während andere argumentierten, sie seien generell unpassend. Die Mehrheit der Lehrer soll ihr jedoch applaudiert haben.

Miss Stephenson stellte klar, dass sie keiner besonderen Kleiderreformbewegung angehöre und nur deshalb Bloomers trage, weil diese die vernünftigste Kleidung für jemanden auf dem Rad darstellten. Sie setzte noch eins drauf und sagte, was sie im Klassenzimmer trage, gehe die Schulbehörde nichts an. Das trug ihr Rektor zwar nicht mit, aber er sagte, dass er ihre Courage und Unabhängigkeit bewundere und froh sei zu sehen, dass eine Frau sich auf ihr eigenes Urteil verlasse, was Gesundheit und Komfort angehe. Sogar ein Mitglied der Schulbehörde sagte den Reportern, dass eine Verwaltung kein Recht zu einem Diktat in Sachen Kleidung habe, außer in Fällen, wo die Kleidung eindeutig »unmoralisch« sei, und Bloomers seien dies nicht.

Einen solchen Sieg auf der ganzen Linie gab es aber nicht in Flushing auf Long Island zwei Wochen später. An der College Point School wurde von der örtlichen Schulbehörde drei Lehrerinnen verboten, mit dem Rad zur Schule zu kommen. Die drei widersprachen der Anordnung, aber ihre Rektorin sagte, sie würde diese durchsetzen, obwohl sie selbst keine Einwände hätte. Ein Dr. Reimer von der Behörde polterte darüber in der Zeitung und verriet dabei den wahren Grund für das Verbot des Radelns zur Schule:

> *Es ist nicht recht, dass Frauen das Fahrrad fahren. Sie tragen natürlich Röcke, aber wenn wir sie jetzt nicht stoppen, dann wollen sie im Stil der New Yorker Frauen fahren und Bloomers tragen. Wie würden dann unsere Klassenzimmer aussehen, wenn die Lehrerinnen in Bloomers zwischen den Mädchen und Jungen umher-*

gehen. Sie könnten ebenso gut Männerhosen tragen. Ich vermute, dass es so weit noch kommen wird, doch wir sind entschlossen, rechtzeitig unsere Lehrerinnen zu stoppen, bevor sie so weit gehen.

Eine Lehrerinnengeschichte ist auch aus Deutschland bekannt, in der Nachkriegszeit retrospektiv erzählt in der Zeitung *Radsport*:

1895 hatte sich eine deutsche Lehrerin zu Osnabrück aus England ein Fahrrad mitgebracht … Es hatte noch keinen Rücktritt, aber stabile Bremsen, und kostete die Kleinigkeit von 350 Goldmark … Aber sie ging, als sie mit dem Rad durch die Straßen ihrer Vaterstadt fuhr, noch einen Schritt weiter, vielleicht einen zu weit …: sie legte sämtliche Unterröcke und Oberröcke ab und sprang mit Eleganz in Pumphosen, die indessen keinesfalls den Beifall der Passanten fanden. Namentlich die Damenwelt war entsetzt, schockiert, völlig aus dem Häuschen. Die Folge für die mutige Lehrerin war ihre Versetzung nach Trier (ausgerechnet ins katholische Trier), wo nicht nur der Schulrat die Hände über dem Kopf zusammenschlug, als die Osnabrückerin um die Porta nigra in Pumphosen kreiste, sondern wo man sie buchstäblich mit Steinen bewarf.

Allerdings wird nicht klar, ob dies der Grund für ihren Wegzug nach Paris und später Südafrika war oder ob es private Gründe gab.

Verlust der Weiblichkeit drohte also in den Augen beider Geschlechter, weil die Frau in Hosen den Mann imitiere. Amalie Rother konterte auch diese Ansicht:

Die Frau hat genau ebensoviel Beine wie der Mann. Sie bedient sich derselben – besonders beim Radfahren – in genau derselben Weise, sollte also doch eigentlich darauf bedacht sein, sie ebenso praktisch zu bekleiden, d. h. jedem Bein seine eigene Hülle zu geben, statt beide in eine zu stecken. Ist doch noch niemand darauf gekommen, beide Arme in ein Futteral zu stecken. Es ist nicht Sitte. Richtig! Aber warum sollte es nicht Sitte werden?

Auf ihren Radtouren zog sie voluminöse Knickerbockers an, nahm aber einen Rock mit, den sie im Hotel schnell überstreifte, um als Fußgängerin präsentabel zu sein. Bei der Unterwäsche kam wieder Jägers Wolle zur Geltung, und dort – im nicht sichtbaren Bereich – wurde entschlossener erneuert:

Das erste, was unbedingt in die Rumpelkammer muß, ist das Korsett. Tiefes, lebhaftes Atmen, wie es das Radfahren verlangt, kann nur geschehen bei voller Ausdehnung des Brustkorbes. Wie soll der unglückliche Brustkorb sich weiten, wenn er in einem Stahlpanzer steckt! Hierüber brauche ich kein Wort zu verlieren, in der Verurteilung dieses höllischen Marterinstruments sind ja die vernünftigen Frauen, Radfahrerinnen wie Nichtradfahrerinnen, sämtlich einig … Am freiesten und wohlsten fühlt man sich ja allerdings mit ganz unbeengtem Oberkörper. Bei mir persönlich macht es sogar einen ganz bedeutenden Unterschied in der Leistungsfähigkeit, ob ich ganz ungezwungen oder mit wenn auch noch so losem Büstenhalter fahre.

Letztere Innovation stammt aus jener Zeit und darf deshalb wie die Armbanduhr oder Coca-Cola zu den Technikfolgen des Fahrradbooms gerechnet werden. Die Hosenmode, insofern sie im Kaiserreich überhaupt gewagt wurde, scheint den Anfang des 20. Jahrhunderts nicht überlebt zu haben. Der männliche Autor des *Handbuchs für das gesamte Radfahrwesen* schrieb damals: »Allerdings wäre ja die Pumphose das Ideal aller Fahrradkostüme gewesen, aber sie hat sich nicht durchzusetzen vermocht und ist wieder ganz verschwunden« – ebenso die geteilten Röcke. So sei man denn dahin gekommen, den einfachen, mäßig weiten fußfreien Rock zu tragen, der in der hinteren Mitte in zwei tiefe, gegeneinanderstoßende Falten gelegt sei. Die Konvention und das Damenrad hatten gesiegt.

Die Kirche und das Rad

Diese blasenrädrigen Fahrräder sind diabolische Werkzeuge des Dämons der Finsternis. Teuflische Erfindungen sind's, den Fuß des Unbedachten zu fangen und die Nase des Einfältigen zu häuten. Nichts als Lug und Trug sind sie. Wer da glaubet, er hat eins in der

Gewalt und die wilde Satansnatur besiegt, sieh da, es werfet ihn auf die Straße und reißet ein großes Loch in seine Hosen. Schaut nicht hin, wenn das Rad auf seinen Reifen durchbrennt, denn am Ende bocket es wie eine Schindmähre und schmerzet wie der Donner. Wer hat aufgeschlagene Knie? Wer hat eine blutige Nase? Wer hat zerrissene Hosen? Jene, die mit dem Fahrrad herumtändeln!

So polterte an einem Sonntag des Jahres 1896 ein Prediger von der Kanzel im amerikanischen Baltimore. Seismographisch hatten die Kirchenmänner des ausgehenden neunzehnten Jahrhunderts erfasst, in welche Richtung der Zug der Zeit unterwegs war. Denn das Fahrrad war der erste Schlag gegen die hehrste Einrichtung der Religionen, den sonntäglichen Kirchgang. Am Tag des Herrn war vor allem in den angelsächsischen Ländern wenig gestattet. Der Morgen war für den Kirchgang reserviert, nach dem Mittagessen saß alles gelangweilt herum, Kinder durften nicht laut spielen, und auch den Erwachsenen waren nur allerbeschaulichste Tätigkeiten zugestanden. Und dann kam das Niederrad, und wer es sich leisten konnte, benutzte es sonntags, um dem Gruppenzwang zu entfliehen.

Erwartungsgemäß waren die Reaktionen der Kirchen nicht einheitlich, sondern von Gemeinde zu Gemeinde ganz verschieden. Eine New Yorker Zeitung schrieb: »Die Kirchen verlieren zusehends ihre jungen Leute, und die Bemühungen, sie durch Appelle an ihr christliches Pflichtgefühl zurückzuholen, stoßen auf taube Ohren« – trotz der

Androhung ewiger Verdammnis. Dieser Aufschrei sollte sich eine Generation später beim Automobil wiederholen. Ein Kirchenmann in New Haven beschwor ein erschreckendes Bild einer nicht enden wollenden Schlange von Radfahrern, alle ohne Bremsen, die hilflos »abwärts rollen an einen Ort, wo es keinen Straßenschlamm mehr gibt – wegen der hohen Temperaturen«. Die Hölle wurde auch von einem weiteren Kollegen all jenen angedroht, die am Tag des Herrn Rad fuhren. Der Gemeinderat einer Baptistenkirche in Chicago kritisierte den Pastor, weil er selbst bei seinen Besuchen Rad fuhr. Statt zu kämpfen, trat er zurück, obwohl er die jungen Leute auf seiner Seite hatte. Ebendort in Chicago betonte ein Pastor, dass sonntägliche Fahrradtreffen, -paraden oder -rennen »den Lebenssaft der amerikanischen Zivilisation vergifteten«.

Doch je mehr Amerikaner Fahrräder kauften, desto mehr ruderten die Kirchen und ihre Stimmgewaltigen zurück – zumindest in den Städten. Der Nachfolger des abgesetzten Pastors bei den Baptisten predigte nun, das Fahrrad sei spirituell und moralisch eine gute Sache. Dass er den Radfahrern im Untergeschoss der Kirche kleine Reparaturen erlaubte, war sensationell. Er liberalisierte auch das sonntägliche Radfahren, das zwar den Kirchbesuch schmälere, aber durch die Landschaft in engeren Dialog zu Gott bringe, als wenn man nur in dessen Haus sitze. Raser verdammte er jedoch weiterhin und sagte voraus:

Wenn es um Kirche oder Fahrrad geht, braucht es kein prophetisches Auge, um zu erkennen, wer in tausend

Leben gewinnen wird. Die All-Saints-Kirche von Chicago ist bereit, diesen Konflikt zu vermeiden, indem sie zur »Kirche des Rads« wird.

So lud er die Leute ein, sonntags zur Kirche zu radeln, wo sogar jemand nach ihren Rädern sehen werde.

Anders als die verweichlichten Stadtkollegen schlugen in kleineren Ortschaften die Kirchenmänner zurück. Die Methodisten eines Ortes in New Jersey beschlossen mit knapper Mehrheit, sonntägliche Radfahrer aus der Gemeinde auszuschließen. Die Minderheit erklärte allerdings, sie werde sich nicht an diesen Beschluss halten. Die Dunkard-Pietisten in Kentucky stimmten mit überwältigender Mehrheit dafür, alle Mitglieder zu exkommunizieren, die ihre Zähne mit Gold überkronten oder sonntags Rad fuhren – zwei kaum vergleichbare Sünden. Im Staate Ohio kam an einem sommerlichen Sonntagmorgen 1895 Miss Ada Coleman in den Altarraum der Methodistenkirche des Ortes Mason, um als Organistin den Gottesdienst musikalisch zu begleiten – allerdings in feuerroten Bloomerhosen. Doch siehe da, ihr Pfarrer weigerte sich, sie aus der Kirche auszuschließen, obwohl die Ladies' Aid Society vor Entrüstung kochte und der *Chicago Tribune* grimmig kommentierte, dass »das Fahrrad sein tödliches Werk verrichtet« habe. Es sei doch zu hoffen, dass die methodistische Kirche gegen solch erniedrigende Kleidung an der Konvention festhalte.

Amerikanische Heftigkeiten scheint es hierzulande in den vom damaligen Kulturkampf geschwächten Kirchen nicht in diesem Ausmaß gegeben zu haben. So berichtet der verlässliche Autor Bertz:

Dagegen dürfte man es in dem kirchenmüden Deutschland als keinen schweren Verlust betrachten, wenn die Jugend sich sonntags von ihrem Rade in die freie Natur hinaustragen läßt, und mit den Predigern im pietistischen Amerika, die darüber trauern, wird man nur mäßige Sympathie empfinden. Es mutet seltsam an, wenn Schneidewin in seinem Buche über ›Die antike Humanität‹ von den Radlern und Bootsfahrern, die sonntags ihren Sport ausüben, sagt, daß sie ›den Kirchenbesuchern die Gleichgültigkeit gegen das, was anderen heilig ist, aufdrängen.‹ Man gewinnt den Eindruck, als wolle er vielmehr anderen aufdrängen, was ihm heilig ist. Das wäre nicht humane Duldsamkeit, sondern kirchliche Herrschsucht. Wenn ein Radfahrer in der Feiertagsstille mit leuchtenden Augen an einem schönen Aussichtspunkte Halt macht und aufatmet in freudiger Naturandacht, so ist er dem Höchsten vielleicht näher als die Gemeinde unter der Kanzel. Und überhaupt, das Christentum Christi kennt gar keine Kirchen.

Möglicherweise war aber auch, bevor die Frage in Deutschland akut wurde, schon die Nachricht von der Kehrtwende der angelsächsischen Kirchenmänner eingetroffen:

In England und Amerika hat man Aufbewahrungsstätten für Fahrräder mit den Kirchen verbunden und nimmt keinen Anstoß daran, sondern freut sich, wenn die Radfahrer im Sportanzug zum Gottesdienst erscheinen.

Auch deutsche Männer hatten übrigens Garderobenprobleme, denn in Kniebundhosen verletzten sie nach Ansicht eines deutschen Gerichts dessen Würde und wurden mit Ordnungsstrafen belegt. In England weigerten sich Gasthöfe ab 1894, Touristinnen in Radkleidung zu bewirten. Der prominente Fall der 55-jährigen Lady Haberton fünf Jahre später wurde sogar vor Gericht ausgefochten. Die Vorsitzende der Rational Dress Society wurde von der Wirtin des Hautboy Hotels in Ockham wegen ihrer Bloomers nicht im Speisesaal bedient, sondern im stinkenden Arbeiter-Pub. Den Richtern übergab die Wirtin dann ein Foto des eigens mit Blumen dekorierten Pubs. Die Richter entschieden gegen die reiche Lady Harberton aus London.

Die deutschen Kirchen beschäftigte mehr die soziale Frage, die Landflucht und das Wohnelend der Arbeiter in den Städten: »Ich kann Ihnen mitteilen, dass in meinen Augen die soziale Frage gelöst ist … Die Zukunft des Volkes liegt im Veloziped!«, soll der Reichstagsabgeordnete Professor Delbrück am Eröffnungsabend des Zehnten Evangelisch-Sozialen Kongresses in Kiel gesagt haben, außerdem auch: »Gebt der Jugend ein Rad, und sie wird bald aufhören, an sozialdemokratischen Versammlungen Interesse zu nehmen.« Das scheint nicht funktioniert zu haben, denn der Arbeiter-Radfahrerbund »Solidarität« mauserte sich im 20. Jahrhundert zu einem 300 000 Mitglieder (1925) zählenden Verein mit eigener Fahrradfabrik und Vertriebsstelle für Fahrräder, Fahrradteile und Sportkleidung in Offenbach.

Die Medizin und das Rad

Eine breitere Diskussion gegen das Radfahren ist aus der deutschen Ärzteschaft bekannt. Fahrradbuchautor Wilhelm Wolf monierte schon 1890:

> *Betreffs keiner Seite des Radfahrwesens sind die Ansichten nicht nur der Laien, nein, auch der Ärzte so sehr auseinander gegangen, als betreffs der gesundheitlichen … Was im besonderen die überängstlichen Herren Ärzte betrifft, so leiteten sie alle möglichen Übel aus dem Radfahren ab; die einen behaupteten, dasselbe sei ungesund, weil es die Rückenmarksnerven übermäßig anstrenge, die anderen fürchteten bei den Radfahrern das Auftreten von Herzerweiterung und die bösen Folgen derselben. Wieder andere sahen in den Jüngern des Radfahrsports bereits ein Geschlecht von Lungenschwindsüchtigen.*

Der Deutsche Radfahrerbund lud deshalb zu seinem Bundestag 1891 in Dresden acht medizinische Kapazitäten – darunter der weltberühmte Berliner Bakteriologe Robert

Koch – ein, die das Radfahren für unschädlich erklärten. Ihre Mitteilungen wurden in der Festschrift abgedruckt; Robert Koch schreibt,

daß ich die hygienischen [d. h. gesundheitlichen] Bedenken gegen das Radfahren in keiner Weise theile, sondern das Radfahren, ebenso wie alle ähnlichen Übungen, vom hygienischen Standpunkte aus für recht nützlich halte und demselben die möglichste Verbreitung wünsche.

Auch der Dramatiker Gerhart Hauptmann, der an einer Lungenerkrankung litt, macht 1887 nur gute Erfahrungen:

Der Anfall in Kötzschenbroda schien in der Tat eine Krise in meinem Krankheitszustand gewesen zu sein. Es ist von da ab aufwärts gegangen. Wie ich damals glaubte, infolge einer Bewegungskur. Damals war die Epoche des Hochrades. Aber es wurden schon niedere Räder und ein Dreirad auf den Markt gebracht. Ein solches Dreirad hab' ich erworben. Ich benutzte es täglich und verlängerte damit meinen Aktionsradius. Dabei fühlte ich mich von Woche zu Woche heiterer, stärker und widerstandsfähiger.

In der Neuen Welt hatte die Diskussion um die gesundheitlichen Gefahren des Radfahrens schon früher eingesetzt. Da gab es den »Bicycle-Gang«, den ein New Yorker Arzt als ein Gehen beschrieb, das die Bewegung der

Füße wie beim Pedalieren nachahme. Der Betroffene würde den Fuß nicht nach vorne schwingen, sondern nur in kreisender Bewegung vom Boden abheben. Der Bicycle-Gang sei unter Berufsrennfahrern anzutreffen, die auch durch Schulterrollen und Kopfdrehen wie beim Rennsprint belastet seien. Etwas ernster war die Krankheit namens »Bicycle-Herz«. Überlastung durch Bergauffahren, Gegenwind und zu starke Erschöpfung würden das Herz schädigen, wovon viele Berufsfahrer betroffen seien. Doch bald kamen Gegenstimmen, die das Bicycle-Herz als nichts anderes als das längst bekannte »Sportherz« bezeichneten.

Aus England kam der »Bicycle-Buckel« (*kyphosis bicyclistorum*), eine »hintere Rückenkrümmung, die bei Jungen unter vierzehn Jahren bisher unbekannt war und nun häufiger als früher vorkommt«. Dieser Befund sei eine Folge des Rasens, bei dem man danach trachte, alle anderen Radfahrer auf der Straße hinter sich zu lassen. Eine andere Quelle beschrieb diese Krümmung als Krankheit, die junge Leute so aussehen lasse, als ob sie Magenkrämpfe hätten oder den Gummi ihres Vorderreifens schnuppern wollten – also eitel Ironie für die Raser. Popes Freizeitjournal *Outing* mahnte: »Wie kommt es, dass diese ignoranten Jugendlichen nicht die Absurdität ihrer zum Lachen anregenden Haltung erkennen?« Die Folgen dieses Radfahrerbuckels waren extrem: Ein junges Paar im Staate Iowa, das sich über die Lenker gekrümmt hatte, bekam angeblich ein Kind mit einer Haltung wie ein gespannter Schießbogen. Dennoch lehrte ein Medizinprofessor in San Francisco seine Studenten schließlich, dass der Bicycle-Buckel eine Schimäre sei. Es lasse sich kein einziger Fall einer vom Radfahren herrührenden Krümmung nachweisen.

»Bicycle-Hände« waren das nächste Übel der Radfahrer. Der Betroffene entdecke plötzlich, dass er nichts mehr in der Hand halten könne, vor allem in der Linken – und dies könne dauerhaft so bleiben. Das Einzige, was man tun könne, sei bei ersten Anzeichen eines tauben Gefühls, den Lenker zu verstellen. Eine technische Lösung waren pneumatische Lenkergriffe, deren Luftpolster durch Aufpumpen die Handnerven besänftigen sollten.

Weiter stießen die Ärzte auf das »Bicycle-Handgelenk«, das sich in schmerzenden oder geschwollenen Handgelenken äußerte. Die Fahrräder ohne Freilauf waren ja durch Gegentreten auf den Pedalen zu bremsen, wobei die Hände am Lenker nach oben zogen. Doch die Liste der Radfahrer-Leiden wuchs noch weiter. »Bicycle-Zahnfleisch« kam angeblich von unmäßigem Radeln. Je schneller und weiter man radele, desto mehr ringe man nach Luft, und die kalte Luft streiche über das erhitzte Zahnfleisch und führe zu einem Blutstau. Dadurch würden sich die Zähne lockern oder sogar ganz verloren gehen. Dann kam das »Bicycle-Auge«, das sich der Schwäche der Muskeln unterhalb des Auges verdanke. Beim Fahren mit geneigtem Kopf würden die Augen stets nach oben gedreht, um horizontal zu blicken. Nach kurzer Zeit wären diese Muskeln – anatomisch *recti* genannt – erschöpft und würden schmerzen.

Tatsächlich wurde nur das »Bicycle-Gesicht« längere

Zeit ernst genommen. Eine Zeitung teilte es in drei Phänomene ein: erstens »weit aufgerissene und erwartungsvolle Augen«, zweitens Linien der Anspannung um den Mund und drittens eine Versammlung aller Gesichtszüge zur Mitte, eine Art physiognomische Implosion. Ein New Yorker Reporter, der ein Treffen der Liga der amerikanischen Radmänner in New Jersey besuchte, fand das »Bicycle-Gesicht« überall, wohin er nur blickte. Er verglich die Radfahrer mit ihren vorgeschobenen Unterkiefern und zurückgebogenen Hälsen mit Fischadlern, die auf Beute lauern. Er fügte aber hinzu, dass der gestresste Ausdruck auf den Radlergesichtern glückselig erscheine verglichen mit dem gehetzten Ausdruck bei Fußgängern, die den ganzen Tag lang Rasern ausweichen müssten. Schließlich gab eine Bostoner Zeitung 1896 Entwarnung:

> *Der Blick ihrer Augen ist weicher geworden, die einst verzerrten Züge sammelten sich wieder. Das Kinn ist an seinen bescheidenen Platz unter der Nase zurückgekehrt, statt wie ein Bugspriet nach vorn zu stoßen. Von den Radlern, die heute auf den Boulevards ausschwärmen, hat nicht mal einer von zehn die mürrischen und unmenschlichen Gesichtszüge, wie man sie letztes Jahr bei jedermann sah.*

Im Kaiserreich wetterte 1896 die sich progressiv gebende Zeitschrift *Jugend*, Namensgeberin des Jugendstils, ästhetisch argumentierend gegen die Neue Frau:

Haben Sie jemals etwas Häßlicheres, etwas Gemeineres gesehen als ein mit puterrothem Gesicht, vom Staube entzündeten Augen und keuchenden Lungen auf dem Zweirade dahinrasendes Frauenzimmer? Ich nicht! Eine solche Erscheinung tritt nicht nur in ihre Pedale, sondern auch die primitivsten Grundgesetze der Ästhetik mit Füßen! Pfui Deibel! – mit Respekt zu sagen. Ist an solch einer Radfurie auch noch eine Linie schön? Etwa der krumme Rücken oder die nach der Hinterradseite weit und provokatorisch ausladende Sitzgelegenheit? Der größte Reiz des weiblichen Körpers ist sanfter Linienfluß, gefällige Rundung! Aber das Radfahren macht unsere Frauen dürr und eckig, unweiblich außen und innen. Hat Bonaventura Genelli je eine Radlerin gezeichnet? Gewiß nicht! … Herunter vom Rade, weibliches Geschlecht, oder Du hast das Recht verwirkt, das schöne zu heißen!

Der geifernde Autor dürfte kein Arzt gewesen sein, auch nicht der im selben Heft als »Dr. med. Warmwickler« (sicher ein Pseudonym) schreibende Autor, welcher die Radlerinnen sich zu einem »Geschlecht absolut steriler Frauen« entwickeln sah: »Auf Grund einer fünfzigjährigen Praxis erkläre ich die seit zwei Jahren aufkommende Radfahrmanie der Damen schlechthin für Massenselbstmord.« Resümee: Die Frauen sollten nicht Rad fahren, sondern gebären – falls das Ganze nicht als Satire gedacht war. An der heftig entbrannten Debatte beteiligten sich weitere Ärzte, zum Teil mit eigenen Publikationen, die sich auch ausführlicher mit den Möglichkeiten »mobiler« Masturbation beschäftigten: »Wenn die betreffenden Individuen es wollen, ist kaum eine Gelegenheit zu vielfacher und unauffälliger Masturbation so geeignet, wie sie beim Radfahren sich darbietet.« Dies dürfe, so ein anderer Arzt, jedoch »nur von solchen Frauen vorgenommen werden, welche schon so verdorben sind, daß ihre Moral auch durch das Radfahren nicht mehr geschädigt werden kann«. Lediglich der Bonner Professor Paul Schiefferdecker bilanzierte 1901 ausgewogen den Ärztestreit, obwohl jüngste Literatur ausgerechnet ihn – aufgrund einer Fehlinterpretation – zu den Frauenfeinden zählt.

Amalie Rother fand auch hier die richtigen Worte:

Fragt in Radfahrangelegenheiten um ärztlichen Rat nur einen Arzt, der selbst Radfahrer ist. Selbst der allergeheimste Herr Medizinalrat, und wenn er von medizinischer Weisheit trieft – das Radfahren und dessen Wirkungen kann er nur beurteilen, wenn er selbst Radfahrer ist. Welche Urteile der nicht radfahrende Arzt (übrigens eine wohl aussterbende Menschenklasse) unter Umständen losläßt, ist schier unglaublich. Hat doch vor noch gar nicht langer Zeit eine unserer größten Berliner Kapazitäten [Mendelsohn] Radfahren und Treppensteigen auf die gleiche Stufe gestellt. Also: Fahren darf nur der, dem sein Gesundheitszustand das gestattet. Das ist aber auch die einzige Grenze. Weiter erkenne ich keine an.

Je mehr Frauen aufs Rad fanden, desto breiter setzte sich der gesunde Menschenverstand durch, sodass selbst das Wiener Vademecum der Moderedakteurinnen in Gesundheitsfragen das Wort ergriff:

Vor allem gestaltet sich das Radfahren als wirksamste Medicin gegen den Dämon unseres Jahrhunderts, gegen die gleich einer Epidemie grassierende Nervosität … Eine Frau auf dem Stahlroße … stärkt und stählt nicht nur den Körper, sondern wirkt erfrischend auf Geist und Gemüth und neubelebend auf die abgespannten Nerven. Ein köstliches Wohlgefühl steigt in der Radfahrerin auf und befähigt sie, jene Widerwärtigkeiten, von denen sie, sei es nun in Erfüllung ihrer Berufspflichten, sei es im Hause, heimgesucht wird, leichter zu ertragen. Ist eine Dame gar hypochondrisch und übellaunig, dann erweist sich das Radeln als ein Heilmittel, das nicht genug anempfohlen werden kann. Bald verwandelt sich eine solche von »Weltschmerz« gepeinigte Frau in eine heiter gestimmte Radfahrerin, deren vormals melancholische Mienen sich zusehends aufhellen.

Und Frauen trauten sich jetzt alles zu. Die amerikanische Journalistin Anne Kopchovsky überließ ihre drei Kleinkinder dem Ehemann und startete als Annie Londonderry mit dem Fahrrad nebst einem perlenbesetzten Revolver 1894 zur Weltumrundung, gesponsert von Londonderry-Mineralwasser. Meist von lokalen Radmännern begleitet, oft auch ein Stück per Bahn oder wo nötig per Schiff, schaffte sie die Fahrt in 15 Monaten. Leider hat sie kein Buch darüber geschrieben, oder falls doch, ist es verschollen. Ihr unmittelbarer Vorgänger, der Deutschamerikaner Frank Lenz, war in Kurdistan ums Leben gekommen.

Was hat das Fahrrad den Frauen gebracht? Der damals viel gelesene Autor Georg Hermann (Pseudonym von Georg Hermann Borchardt) fasste es 1901 so zusammen:

> *Ihm verdankt unsere Frauenwelt die freiere Stellung, die sie heute in der Öffentlichkeit einnimmt. Das Fahrrad holte die Haustöchter vom Strickstrumpf und hinter dem Kochtopf weg und führte sie mit Bruder oder Freund hinaus in die freie Natur, machte unsere Mädels frei von der ständigen Aufsicht der Mütter und Tanten und erzog sie zu selbständigem Handeln. Unsere Frauen sollten daher dem Fahrrad ein Denkmal setzen, denn es hat gerade für sie so viele alte, hemmende und hindernde Vorurteile, so vieles, was sich Gott-weiß-aus-welchen-Gründen nicht schickte, vom alten wurmstichigen Thron gestoßen, hat unseren jungen Mädchen die Möglichkeit gegeben, sich außerhalb des Hauses frei zu bewegen, und hat damit auch den Boden für die freie Berufstätigkeit der Frau geebnet.*

Noch entschiedener äußerte sich 1895 eine Ann Strong im Minneapolis Tribune:

> *Ich sehe nicht ein, warum ein Fahrrad nicht ebenso gute Gesellschaft leisten kann wie die meisten Ehe-*

männer nach zwei Jahren … Was die Gesundheit betrifft, bin ich sicher, dass eine Menge alter Maiden die Ankunft des Fahrrads als kostbaren Ersatz für das Rezept manchen Arztes begrüßen werden: »Wenn Sie nur heirateten und eine Familie zu versorgen hätten, wäre Ihre Gesundheit in Ordnung!« Man vergleiche doch mal das Rad in dieser Hinsicht mit einer Familie. Man kann sein Rad abends sauber machen, und es schleudert nie in der allerletzten Minute seine Schuhe weg oder schmiert sich nie mit Sirup voll. Wenn man fertig ist, kann man losfahren. Keine kleinen Ellbogen bohren sich einem in die Rippen – es gibt kein Motzen – kein Schreien vor Straßenbahnen oder Süßigkeitenläden. Ruhig gleitet man dahin, geschmeidig und schnell. Erheiterung und Nervenstärkung mischen sich mit der Würze der Gefahr, der Notwendigkeit scharf zu beobachten und der Aussicht auf Abenteuer. Was die Gesundheitsfrage angeht, ist also kein Vergleich zwischen Radfahren und der Ehe. Ein weiterer großer Vorzug des Fahrrads ist die Tatsache, dass man es immer loswerden kann, wann man nur will. Man kann es ins Haus rollen und in eine Ecke stellen, und da bleibt es. Es läuft einem weder nach, noch will es ständig in den unmöglichsten Augenblicken betreut werden. Wenn es schäbig oder alt wird, kann man es versetzen und ein neues nehmen, ohne die ganze Gemeinde zu schockieren.

Das 20. Jahrhundert

Bis zum Ersten Weltkrieg

Ein deutliches Zeichen für den Prestigeverlust des seit 1900 für jedermann erschwinglichen Fahrrads im Deutschen Reich liefert der Wechsel von den kiloschweren Fahrradbüchern des soeben vergangenen Jahrhunderts zum *Handbuch des gesamten Radfahrwesens*, das mit hundert Gramm klein wie ein Zigarettenpäckchen daherkam. Angesichts des atemberaubenden technischen Fortschritts in anderen Bereichen war das Fahrrad auf dem Weg zum wenig beachteten Haushaltsobjekt, fast wie ein Dosenöffner. Wer würde für einen Dosenöffner noch in einen Verein gehen oder ein Buch darüber kaufen? Die Männer verlangte es im neuen Jahrhundert nach Motorrädern, die zu meistern eine aufregendere Herausforderung war. Dreirädrige motorisierte Voituretten oder vierrädrige Automobile waren noch prestigeträchtiger, aber natürlich auch teurer. Die bisherige Fahrrad-Avantgarde ging mit fliegenden Fahnen zur Benzinfraktion über. Die Fahrradzeitungen passten sich an und fügten »Automobil« in ihren Titel ein. Zum Beispiel erhielt der in Mannheim erscheinende *Radtourist* zunächst eine Beilage namens *Der Automobi-*

list, bis daraus schließlich der neue Titel *Der Radtourist und der Automobilist* wurde.

Aber noch gab es wichtige technische Verbesserungen auch beim Fahrrad. Damals war die Pedalkurbel mit dem Hinterrad durch die Kette starr verbunden. Schob man das Fahrrad, drehte sich die Pedalkurbel unweigerlich mit. Man konnte nicht wie heute zum Anfahren auf das tiefe Pedal stehen – das Fahrrad hätte sich sonst nicht von der Stelle bewegt. Also musste man beim Anfahren über eine Fußraste – quasi die nach links verlängerte Hinterachse – aufsteigen, auf den Sattel sitzen und dann mit den Füßen die sich drehenden Pedale finden. Damenräder hatten die Fußraste am Vorderrad rechts, so konnte man mit langem Rock aufsteigen. Wollte man das Fahrrad rollen lassen, ohne die Beine zu bewegen, musste man die Füße auf beidseitige Fußrasten an der Vorderradgabel stellen – die nicht immer vorhanden waren. Die starre Verbindung gab dem Fahrer ein Gefühl der unmittelbaren Verbundenheit mit der Straße und die Möglichkeit, durch Gegendruck mit den Füßen die Umdrehung der Pedalkurbel zu verlangsamen. Deswegen wurden die Fahrräder lange Zeit ohne Bremsen geliefert. Andererseits musste man für Schussfahrten bergab separat erhältliche Bremsen haben, die Klotzbremse auf den Vorderreifen oder die Felgenbremsen vorn und hinten; letztere wurde produziert von einem irischen Journalisten in London, Ernest M. Bowden. (Im Kaiserreich wurde er durch sein ins Deutsche übersetztes Losungsbuch *Die Nachfolge Buddhas* bekannt.) Ganz Mutige legten die Beine über den Lenker, wenn bergab die

Bahn frei und übersichtlich erschien. Bei schneller Fahrt die Füße allerdings wieder auf die wirbelnden Pedale zu bekommen, war unmöglich. Zur Notbremsung – auch bei Kettenbruch – konnte man nur mit dem Schuh auf den Vorderrad-Reifen drücken. Bowden erfand übrigens auch den nach ihm benannten Bowdenzug, ein Drahtseil in flexibler, aber inkompressibler Hülle, mit dem bis heute Bremsen und Schaltungen an Fahrrädern betätigt werden.

Mit den luftbereiften Fahrrädern war Mitte der 1890er Jahre der Wunsch gekommen, die Handhabung zu verbessern, indem man beim Fahren nicht mehr ständig mittreten musste. So kam in den angelsächsischen Ländern der Freilauf in die Hinterradnabe. Auf die diversen Fußrasten konnte man damit verzichten und bequem auf dem tiefen Pedal stehend anfahren – so wie heute noch. Lange Zeit war es möglich, den Freilauf noch während der Fahrt optional zu blockieren, um auf Wunsch die alte Fahrweise wieder aufzunehmen. Doch mit Freilauf benötigte das Fahrrad unbedingt eine Bremse, weil der Gegendruck über die Pedale nun nicht mehr funktionierte. Könnte man die Bremse in der Hinterradnabe verstecken und mit dem vertrauten Gegentreten betätigen? Die Entwicklung dieser Rücktrittbremse mit Freilauf gelang 1898 und wurde von der amerikanischen New Departure Company mit kleinen Verbesserungen bis in die 1970er Jahre produziert. Die USA hatten also die Nase vorn, und als die Schweinfurter Kugellagerfirma Fichtel & Sachs ihre Freilauf-Rücktrittbremse 1903 nach einer Konstruktion von

Johann Modler herausbrachte, zahlte sie im Laufe der Zeit drei Millionen Reichsmark Lizenzgebühren nach Amerika. Benannt wurde die Rücktrittnabe nach der von einer Sektsteuer querfinanzierten Wunderwaffe der kaiserlichen U-Boote, dem Torpedo. Das Patent wurde patriarchalisch auf die Firma angemeldet. Als dem Erfinder Modler eine Beteiligung von zwei Prozent ausgeschlagen wurde, ging er und gründete eine heute noch existierende Maschinenfabrik in Aschaffenburg. Die Torpedo-Nabe erwies sich auf dem Markt tatsächlich als »Wunderwaffe«, bis zum Produktionsende 1977 wurden rund 85 Millionen Stück gebaut. Zusammen mit den Konkurrenzprodukten anderer Hersteller schufen sie im deutschen Sprachraum und in den Niederlanden eine Rücktrittbrems-Kultur, während die Menschen in England und dem Commonwealth sowie in den romanischen Ländern mit Freilaufnaben ohne Rücktrittbremse fuhren. Von Investor Frank Bowden, der die Raleigh-Werke großgemacht hatte und nicht mit dem Erfinder verwandt war, ist das Diktum überliefert: »Wie jeder Radfahrer, den ich kenne, bevorzuge ich zwei Handbremsen.« Das führte in der Zeit nach dem Zweiten Weltkrieg zu einer Art Kulturschock: Gastschüler aus Frankreich, die in der Bundesrepublik eine Proberunde auf einem Fahrrad der Gastfamilie drehten, fanden sich unvermittelt auf dem Boden wieder, wenn sie spielerisch rückwärts traten wie daheim mit Freilauf möglich.

In der Waffen- und Fahrradmetropole Saint-Étienne südwestlich von Lyon bildete sich um den »Apostel des Fahrrads«, Vélocio alias Paul de Vivie, eine Bewegung, die sich dem Tourenfahren in der bergigen Umgebung und dem Langstreckenfahren widmete. Er hatte die Gründung des Touring-Club de France betrieben und gab die Zeitschrift *Le Cycliste* heraus, die zur Entwicklung von Gangschaltungen aufrief. Der Club veranstaltete hierzu 1902 einen Wettbewerb, an dem auch die deutschen Neckarsulmer Fahrradwerke mit ihrem Zweigang-Getriebe im Tretlager namens »Variand« teilnahmen. Gewinner war jedoch eine originelle französische Lösung: »le rétro-directe«, das System für zwei Gänge, wie es dann in dem Fahrrad »Hirondelle« (Schwalbe) der örtlichen Firma Manufrance und anderen verwendet wurde. Das Hinterrad trug zwei verschieden große Ritzel nebeneinander, der Freilauf des kleineren in Gegenrichtung zu dem des größeren. Durch Umleitung über zwei Rollen wurde die Kette nun so verlegt, dass sie das größere Rad im Uhrzeigersinn und das kleinere gegen den Uhrzeigersinn drehte. Durch normales Pedalieren wurde also das größere Ritzel angetrieben und das kleinere lief frei. Durch Rückwärtstreten trieb aber die Kette das kleinere Ritzel an, und das größere lief frei. Durch Rückwärtstreten konnte man also schneller fahren. Die Hirondelles sind verschwunden, aber im kollektiven Gedächtnis sind sie überliefert geblieben. Als in der Nachkriegszeit nur Fahrräder mit Sturmey-Archer-Schaltungen ohne Rücktrittbremse zu haben waren, konnte man beobachten, wie die Jungs im Geschwindigkeitsrausch hektisch rückwärts pedalierten – ganz wie vormals beim Rétro-directe. Dabei schrillten auch die Klickgeräusche des Freilaufs erst so richtig aufregend.

Planetengetriebe, so genannt nach dem Sonnenrad in der Mitte, das mit drei kleinen Planetenrädern verzahnt war, ganz in der Hinterradnabe zu verstecken, war das Ziel von William Reilly. Nach seinem ersten Patent wurde ab 1898 diese Zweigang-Nabe unter dem treffenden Namen »The Hub« (die Nabe) produziert. Seine Dreigangnabe konnte er aus vertraglichen Gründen nicht selbst patentieren lassen. Also wurde sie auf einen Kollegen namens James Archer angemeldet. Diese Dreigang-Freilaufnabe wurde ab 1902 von der neugebildeten Firma Sturmey-Archer produziert, die aber eigentlich zu Raleigh gehörte. Diesen Umstand einigermaßen verdeckt zu halten war angebracht, weil man den anderen Fahrradherstellern nicht zumuten konnte, ihre Nabenschaltungen direkt bei der Firma Raleigh zu kaufen, die ihnen als Fahrradbauer Konkurrenz machte. Fichtel & Sachs kam mit einer Zweigang-Rücktrittnabe nach einem Patent der Wanderer-Fahrradwerke heraus, bald auch mit einer Dreigang-Rücktrittnabe. Im Jahre 1912 gab es sogar eine »Torpedo-Universal« mit vier Gängen und Rücktrittbremse.

Mittlerweile etablierte sich in Frankreich die Kettenschaltung, wobei die Kette mithilfe eines kleinen Umwerfers (»dérailleur«, wörtlich: Entgleiser) von einem Ritzel aufs nächste geworfen wurde. Frankreich, Italien und Spanien blieben Hochburgen der Kettenschaltung, wogegen in Amerika, England, den Niederlanden und Deutschland die Nabenschaltung obsiegte, zumal dadurch ein geschlossener Kettenkasten zum Schutz der Kleidung möglich wurde.

Radrennsport gab es in vielen Ländern, er wurde je-

12 *„Giganten der Landstraße“ nannten die Franzosen ihre Radrennfahrer*

13 *Familie Dr. Gmelin auf Seilhebel-Fahrrädern: „J-Rad" von Paul Jaray, 1922*

14 *Frank Schwinn beglückte junge Amerikaner mit Motorrad-Imitationen*

N!

15 *Professor David Gordon Wilson auf »Avatar 2000« mit NASA-Ingenieuren*

16 *Der „Fahrroller" von Georg Ruffer kann Sozia mitnehmen (neue StVZO)*

doch heftig befehdet von den Verfechtern des zivilen Radfahrsports, die nicht verstehen konnten, wieso man die Annehmlichkeiten des Radfahrens vorsätzlich wieder in Stress verwandeln sollte. Besonders deutlich wurde dies bei Crossrennen, wenn Sportfunktionäre den zu überwindenden Acker zur Erschwerung zuvor frisch umpflügen ließen. Der Tourenfahrer Friedrich Kallenberg sprach es aus:

> *Einer Giftpflanze gleich überwuchert das Rennfieber alle gesunden und praktischen Seiten des Rad[fahr]-sports, in erster Linie des Tourenfahrens. Mit einer Gewissenhaftigkeit, als handle es sich um Tabellen über geographische Längen und Breiten in Central-Afrika, registrieren die Fachblätter die neuesten »besten Zeiten«. An diese hängt sich die Reklame der Fahrradfabriken und, indem die Sportpresse diesen Wust von erstaunlichen Ziffern, von pompösen Anpreisungen der »Marken« und Verhimmelungen der Rennfahrer in die Welt hinausposaunt, glaubt sie, ihre Aufgabe, den Radfahrsport zu heben, zu erfüllen.*

Bertz sah es pragmatischer:

> *Da es bekannt ist, wie oft berühmte Rennfahrer an Herzfehlern erkranken und vom Militärdienst zurückgewiesen werden, so wollen wir die Jünglinge, auf deren Wehrkraft das Vaterland hofft, lieber nicht den Triumphen des Geschäftssports zum Opfer bringen.*

Auch der Arbeiter-Radfahrer-Bund »Solidarität« wehrte sich, etwa gegen das erste Sechstagerennen auf dem Kontinent, das in Berlin stattfand:

> *Nein, solche wahnsinnige Fexerei, in welcher Methode liegt, ist kein Sport mehr. Es ist ein Spielen mit der kraftstählenden, volkstümlichen und volksdienlichen Grundidee, die durch jeden vernünftigen, in den Grenzen der Menschennatur bleibenden Sport geht, ein freventliches Spiel mit eigenem und fremdem Leben.*

Die Berliner Rennbahnkatastrophe mit neun toten Zuschauern bei einem Steher-Rennen, bei dem Fahrräder hinter Motorrädern herfuhren, bestätigte 1909 diese Kritik.

Alles Zetern half jedoch nichts, die Rennszene drängte sich in den Vordergrund und veränderte die Fahrradbranche. Berufsrennfahrer, deren Kräfte nachließen, wurden Fahrradhändler und ersetzten die bisherigen, ernsthaften Nähmaschinenmechaniker, welchen noch primär ein Interesse an der Technik zu eigen gewesen war. Der Rennsport-Dachverband UCI (Union Cycliste Internationale) tat seit 1900 alles, um das »Material«, also die Rennräder, zu normieren, damit die sportliche Leistung besser vergleichbar würde. Den Herstellern kam diese Vereinheitlichung zupass, denn sie ermöglichte ihnen, den Fahrradbau zu rationalisieren. Eine Schaltung galt als »unfairer Vorteil« und war verboten. Diese verquere Sicht zog mit den Ex-Rennfahrern in den Fahrradhandel ein. Die Pendler aber wollten so viele »unfaire Vorteile«, wie sie nur bekommen konnten. Doch die Branche wurde zusehends zum Einkäufermarkt, die Hersteller richteten sich primär nach den Wünschen derjeniger, die als Erste orderten und das Geld hinlegten – also nach den Fahrradhändlern. Raleighs geschlossener Kettenkasten mit Ölbad blieb ein Desiderat bis heute, weil eben der Kettenkasten den raschen Ausbau des Hinterrads verhindert. Dass Kunden und Nutzer sich deshalb mit den lächerlichen Hosenklammern zum Clown machen mussten, blieb deren Problem. Wer sich beklagte, erhielt zur Antwort, das Fahrrad sei »ausentwickelt«. Auf diese Weise brachten die Fahrradrennen keinerlei Fortschritt mehr, wogegen Autorennen ständig die Rennformel veränderten und so die technische Kreativität förderten.

In Frankreich bekam die führende Sportzeitung *Le Vélo* Konkurrenz durch das neue Blatt *L'Auto-Vélo*, das sich nach einem Gerichtsurteil schließlich nur noch *L'Auto* nennen durfte. Allerdings war der Anlass hochpolitisch: Nach dem Skandalurteil gegen den jüdischen Offizier Alfred Dreyfus wegen Hochverrats war die französische Nation bis in die Familien hinein gespalten. Von seiner Unschuld überzeugte Franzosen wurden als »Dreyfusards« bezeichnet, und der Chefredakteur des *Vélo* hatte sich just als ein solcher geoutet. Daraufhin beschlossen die empörten Industriellen und Antidreyfusards, Graf de Dion-Bouton und Adolphe Clément, eine neue, unpolitische Zeitung zu gründen, und machten den Bahnrennfahrer und -betreiber Henry Desgrange zum Chefredakteur.

Aber wie der Konkurrenz Leser und Anzeigen abjagen und den Dreyfusard so in den Ruin treiben? Auf einer Krisensitzung wegen schlechter Auflage warf der junge Journalist Géo Lefèvre die Idee einer Tour de France in die Runde, gedacht als Etappenrennen durch das ganze Land über einen vollen Monat. Tatsächlich stieg die Auflage nach der ersten Tour 1903 von 25 000 auf 65 000. Fortan erdachten die Journalisten von *L'Auto* die Routen und Strapazen der Tour in ihren bequemen Redaktionssesseln, Zumutungen zuweilen, die einmal zu einem Streik der Rennfahrer führten, bei dem sie »Mörder, Mörder!« skandierten. Ab dem Jahr 1904 organisierte Desgrange auch noch die Amateur-Langstreckenfahrten namens Audax durch Frankreich.

Während in den USA das Militär den Vorschlägen von Fahrradmagnat Pope die kalte Schulter gezeigt hatte, war in der Alten Welt das Fahrrad schon früh in die Armeen gelangt. Italien, Frankreich und England waren die Vorreiter, wobei die Klappräder zum Tragen auf dem Tornister nur in Frankreich Anklang fanden. In Deutschland hatte Heinrich Kleyer schon in den 1880er Jahren beim preußischen Kriegsministerium geworben und bekam bereits 1887 erste Aufträge für Maschinen und Schulung der Mannschaften. Die österreichische Kavallerie veranstaltete daraufhin 1892 mit 250 Teilnehmern einen Distanzritt von Wien nach Berlin, der die Überlegenheit der Pferde demonstrieren sollte. Der Sieger benötigte 71 Stunden und 35 Minuten, sein Pferd und dreißig weitere verendeten vor Erschöpfung bald nach der Ankunft, genauer: Sie erhielten den Gnadenschuss. Der Deutsche Radfahrer-Bund schrieb sodann für 1893 die Fernfahrt Wien-Berlin aus, um seinerseits die Überlegenheit des Fahrrads zu beweisen. Der Sieger brauchte mit 31 Stunden für die 583 Kilometer weniger als die halbe Zeit – und keines der Fahrräder musste erschossen werden. Dies dürfte auch die letzten Kritiker und den Kriegsminister im Reich überzeugt haben.

Das Heer wurde von allen großen Fahrradherstellern beliefert. Man baute ja bereits für die Jägerei Versionen, die ein Jagdgewehr aufnehmen konnten. Außer im Königreich Bayern, das Pannen fürchtete und auf Kissenreifen aus Vollgummi setzte, erhielten alle Militärräder Luftreifen. Der kriegswichtige Gummi musste im Krieg rationiert werden, weshalb für die zivilen Räder Ersatzlösungen, wie etwa mit Spiralfedern bewehrte Felgen, gefunden werden mussten. Geschätzt eine Viertelmillion Fahrräder waren im Ersten Weltkrieg auf beiden Seiten der Front im Einsatz. Für die Sanitäter gab es zwei aneinander gekoppelte Fahrräder, zwischen denen eine Tragbahre befestigt wurde. Für den Gaskrieg wurden Fahrräder mit einem kleinen Labor in der Rahmentasche ausgestattet, um zu prüfen, ob die Luft wieder ungefährlich war. Ihrer Lautlosigkeit wegen waren Fahrräder aber besonders für Spähtrupps und Meldefahrer nützlich. Ein ganz bestimmter Melderadfahrer bei einem bayerischen Regiment sollte sich noch ins Buch der Weltgeschichte eintragen, allerdings als Schurke: der Kunstmaler Adolf Hitler.

Nach dem verlorenen Krieg hatten die Fabriken, die für die Rüstung gearbeitet hatten, enorme Kapazitäten frei, weil es (anders als nach dem Zweiten Weltkrieg) keinerlei Kriegszerstörung dort gab. Dafür und für die überzähligen Arbeitskräfte mussten verkäufliche neue Produkte gefunden werden. Eine Phase technischer Kreativität war die Folge. Die Daimler-Motoren-Gesellschaft in Berlin verlegte sich auf den Bau von Mercedes-Fahrrädern – mit dem »guten Stern auf allen Straßen« am Steuerkopf. Eine interne Denkschrift hatte bekräftigt:

> *In der Tat ist das Fahrrad heute und auch noch für viele kommende Jahre der beste Artikel, den eine Automobilfabrik gewinnbringend fabrizieren kann … Heute und auch noch in den kommenden zwei Jahren können die deutschen Fahrradfabriken nicht einmal den Inlandsmarkt befriedigen, geschweige den des Auslandes. Sie haben Lieferzeiten bis sechs Monate.*

Die Robert Bosch GmbH in Stuttgart hielt sich mit Fahrradscheinwerfern und -dynamos als Ersatz für die wartungsintensiven Azetylenlampen sowie mit Motorradelektrik über Wasser. Die Grade-Flugzeugwerke entwickelten einen Hilfsmotor auf einem Fahrradbeiwagen, der dessen Rad antrieb und so das Fahrrad schob. Die Peugeot-Fahrradwerke sponserten Flugfahrräder-Wettbewerbe, deren Anforderungen aber laufend verringert werden mussten, um überhaupt Sieger für die Hüpfer mit Anlauf zu bekommen, die damit nur möglich wurden. Bis zum Überfliegen des Ärmelkanals durch Paul MacCreadys Muskelkraft-Flugzeug sollte es dann noch über fünfzig Jahre dauern.

Nach der Inflation stieg das Sechstagerennen im Berlin der Goldenen Zwanziger Jahre dank der Sportpalast-Betreiber zu einem volksfestartigen Großereignis auf. Sport- und Filmgrößen zeigten sich in den teuren Prominenten-Logen, aber auch die kleinen Leute auf den oberen Rängen kamen offenbar auf ihre Rechnung. Ein Vorzug war, dass man während der sechs Tage wie in einem Bahnhofskino kommen und gehen konnte, wann man wollte, ohne allzu viel zu versäumen – alles wiederholte sich. Dazu trugen die häufigen Zwischensprints und Sonderprämien bei. Einer der beiden Fahrer der konkurrierenden Zweier-Teams musste ständig im Rennen sein, während der andere in seiner Koje ausruhen konnte. Einige Takte aus dem Wiener-Prater-Walzer, begleitet von den Pfiffen des einbeinigen Originals »Krücke« alias Reinhold Habisch, wurden zur Erkennungsmelodie aller Sechstagerennen, die in der Folgezeit entstanden, wie etwa dasjenige in der Dortmunder Westfalenhalle. Das Berliner Sechstagerennen wurde 1934 eingestellt, als die Nationalsozialisten den Sportpalast für ihre Kundgebungen beanspruchten. Ebendort stellte Propagandaminister Goebbels seine berüchtigte Frage: »Wollt ihr den totalen Krieg?«

Nach der Kapitulation 1918 war die Zeppelinwerft in Friedrichshafen in der glücklichen Lage gewesen, noch zivile Zeppeline bauen zu dürfen, auch einen als Reparationsleistung an Amerika. Als seine Kinder das Radfahren lernten, ging der Zeppelin-Ingenieur Paul Jaray daran, das aktuelle Fahrradkonzept neu zu überdenken. Die Pedalkurbel hat ja zweimal während jeder Umdrehung ein Totpunktproblem: Wenn ein Pedal in der höchsten Position angelangt ist, kann es genauso gut nach vorwärts wie nach rückwärts getreten werden. Letzteres bedeutet aber mit der Rücktrittbremse eine riskante Blockade des Hinterrads. Mit dem sogenannten »runden Tritt« hat der Fahrer deshalb dafür zu sorgen, dass die Kurbel sich weiterdreht. Jarays Lösung waren Pedalhebel, die abwechselnd ein Seil von einer Trommel auf jeder Seite des Hinterrads abspulten und so dieses antrieben. Zudem waren die Pedalhebel miteinander gekoppelt: Ging der eine vor, wich der andere zurück. Mit diesem Antrieb konnte er auch den Sitz tiefer legen. Heraus kam ein ergonomisch überzeugendes Sesselrad ganz ohne Totpunktprobleme, das auch bergan Vorteile bot. Die Stuttgarter Firma Hesperus baute 3000 Stück, die vor allem in die Niederlande exportiert wurden. Bessergestellte, Lehrer und Ärzte zählten zu den Kunden. Das Ende für die Produktion brachte ein tödlicher Unfall infolge eines Materialfehlers.

In Chicago hatte der badische Auswanderer Ignaz Schwinn mit dem Fleischkonservenfabrikanten Adolf Arnold 1895 eine Fahrradfabrik gegründet, die im neuen Jahrhundert wenig ausgelastet war und deshalb anfing, Motorräder der Marke »Excelsior« zu bauen. In den 1920er Jahren wurde klar, dass als einzige Zielgruppe für die Fahrradherstellung der amerikanische Junge geblieben war, der sich wie sein Vater ein Motorrad wünschte. Der Gründersohn Frank W. Schwinn stellte sich darauf ein und entwickelte Fahrräder mit imitiertem Benzintank (der oft Batterien für eine Hupe oder ein Radio enthielt), Vorderradfederung und Stromlinienform. Von einem Deutschlandbesuch brachte er die Idee der Ballonreifen mit, die man nur schwach aufpumpen musste und eine angenehme Fahrweise boten. Die anderen US-Hersteller zogen nach und kreierten eine bunte Flotte von heißbegehrten Pseudo-Motorrädern, wie es sie sonst nirgends auf der Welt gab. Einer von ihnen, Horace Huffman, warb für sein Huffy-Jugendfahrrad: »Es bietet preiswerte Fahrt und hilft den Jungs, Geld zu verdienen.« Denn diese fuhren damit umso lieber morgens Zeitungen aus, um sich ein Taschengeld zu sichern. Aber wer hätte gedacht, dass diese Mutanten des Standardfahrrads am Ende des Jahrhunderts, als der Stern von Schwinn schon längst verglüht war, die Basis für den größten Innovationsschub in der Fahrradtechnik stellen würden: das Mountainbike?

Seit 1920 baute Charles Mochet in Puteaux sogenannte »Cyclecars«, leichte Zweisitzer mit vier Drahtspeichenrädern und Benzinmotor. Als er für seinen Sohn ein pedalgetriebenes Miniaturauto baute, kam ihm die Idee, solche auch für Erwachsene zu bauen. Diese seine »Vélocars« wurden ein Erfolg. Zwischen 1925 und 1944 baute er 6000 Exemplare, teils mit vier, teils mit drei Rädern, zum Preis eines Motorrads, aber natürlich wettergeschützt, benzinkosten- und steuerfrei zu pedalieren. Er wollte damit auf einer Hallenbahn Rennen veranstalten, allerdings erwies sich dort das Handling in den Steilkurven als problematisch. Also baute er ein Liegerad und nannte es »Vélo-Vélocar«. Nachdem er von der Dachorganisation UCI bestätigt bekam, dass dieses regelkonform sei, brach im Folgejahr ein Radrennfahrer namens Francis Faure mit einer Rennversion auf der Bahn alle Rekorde über fünf, zehn, zwanzig, dreißig, vierzig und fünfzig Kilometer sowie den Stunden- und den Halbstundenrekord. Die UCI berief daraufhin eine Kommission ein, um zu definieren, was ein Fahrrad sei, in der Absicht, das überlegene Liegerad von den Radrennen auszuschließen. Das tat sie denn auch mithilfe vorgeschriebener Dimensionen, die sicherstellten, dass nur konventionelle Rennräder an offiziellen Radrennen teilnehmen durften. Diese verbreitete Wagenburgmentalität des Maschinensports zerstörte das Lebenswerk von Mochet, der kurz darauf starb. Erst nach dem Krieg entstand in den USA die Human Powered Vehicle Association (HPVA), die eigene Wettbewerbe ausschrieb, an denen sich Amateuringenieure und Studenten beteiligten und neue Techniken erprobten. So entstand eine Liegeradszene, die sich hauptsächlich auf Mochet beruft.

Mit der Machtergreifung der Nationalsozialisten 1933 erfasste die Gleichschaltung auch die Sportverbände. Der Arbeiter-Radfahrerbund »Solidarität« wurde aufgelöst und seine Fahrradfabrik, Motorradfabrik und Verkaufsstellen enteignet sowie die Arbeiter und Angestellten entlassen. Gegen das Verschwinden der Sechstagerennen wurde nichts unternommen. Große Veranstaltungen wurden dagegen gerne zu Propagandazwecken genutzt, so etwa die Weltmeisterschaft 1934 in Deutschland und erst recht die Olympischen Spiele 1936. Die Dortmunder Gustav Kilian und Heinz Vopel fuhren in die USA und gewannen dort fast dreißig Six-Days. Hierzu schrieb der *Völkische Beobachter*:

> *Sie sind wahre Fahnenträger ihres Landes geworden. Sie haben es durchgesetzt, daß über ihren Kojen statt irgendwelcher bunter Phantasieembleme die Hakenkreuzfahne weht, und selbst die wildesten Schreier und Hetzer stehen mäuschenstill, wenn diese beiden großen Rennfahrer mit ihrer Fahne auf die Ehrenrunde gehen.*

Weniger linientreue Sportgrößen wurden schon vor Erlass des Arierparagraphen ausgebremst. Der Radweltmeister und Antinazi Albert Richter trug bei seinen Auslandssiegen das alte Reichsemblem statt des Hakenkreuzes. Er wurde bei einem Ausreiseversuch in die Schweiz verhaftet und ermordet – nach offizieller Lesart hat er angeblich in der Zelle Selbstmord begangen.

Seit dem Ende der Weltwirtschaftskrise ging es mit der deutschen Fahrradindustrie wieder bergauf, auch weil die staatliche Wirtschaftssteuerung Importe einschränkte. Opel fertigte am Fließband 120 000 Fahrräder im Jahr 1936. Im Vorjahr hatte es mit 2,2 Millionen Fahrrädern von allen Herstellern ein Produktionshoch gegeben. Beim Verkauf von Opel an General Motors wurde die Fahrradabteilung an die NSU AG abgegeben, welche 1938 inklusive

Motorräder fast 200 000 Fahrzeuge baute und damit zum größten Zweirad-Produzenten der Welt aufstieg. Dazu gab es bei den Fahrrädern der Marken Adler, Brennabor, Bismarck, Stadion und Wanderer eine Neuheit: die Gangschaltung im Tretlager mit zwei oder bei Adler mit drei Gängen. Letztere wurde sogar noch bis 1950 produziert. Die Idee wurde in jüngster Zeit von zwei Porsche-Ingenieuren wieder aufgenommen, die sich, finanziert von einem Physiker und Fahrradfan, mit ihrer Firma Pinion selbständig machten.

Auch im Zweiten Weltkrieg wurden wieder Fahrräder eingesetzt, zudem in einer neuen faltbaren Variante für britische Fallschirmjäger. Am Tag der Invasion hatten die kanadischen und britischen Landungsboote ebenfalls Fahrräder für schnelles Vorrücken an Bord. Die deutschen Soldaten auf der Flucht requirierten Fahrräder von der niederländischen Zivilbevölkerung, die sie am Ende achtlos in den Straßengraben warfen. Seither existiert die launige Aufforderung der Niederländer an ihre deutschen Nachbarn: »Gebt mir mein Fahrrad wieder!«

Die Nachkriegszeit

Die Nahrungsknappheit nach Kriegsende veranlasste viele Familien, aufs Land zu Bauern zu fahren, um mehr Lebensmittel zu ergattern – oft mit dem Fahrrad. Aber statt Dankbarkeit gegenüber dem stählernen Helfer entwickelte sich im Laufe der Jahre eine Art Schamgefühl. Man wollte nicht mehr an die Betteltouren erinnert werden, aber das Fahrrad hatte diese Wirkung. Kein Wunder, dass dieses »Mahnmal« beim nächsten Autokauf möglichst schnell entsorgt wurde. Nach der Währungsreform wurden zwar auch wieder Fahrräder produziert, aber nur über den günstigen Preis verkauft, oft als Lockvogel-Angebote der Kaufhäuser. So breitete sich langsam ein Denken aus, welches das Markenfahrrad, hinter dem ein Hersteller stand, der möglichst alles noch alleine herstellte, allmählich aussterben ließ. Großhändler stellten ein paar Leute ein, die aus zusammengekauften Teilen – und Rahmen aus Jugoslawien – Fahrräder irgendeiner Hausmarke montierten und völlig unzutreffend als »Markenfahrräder« bewarben. Einen Großauftrag gab es 1957 vom Berliner Senat, der aus Sorge vor einer zweiten russischen Blockade die sogenannte »Senatsreserve« an Lebensmitteln für 180 Tage in verschiedenen Depots anlegte. Als diese nach der Wiedervereinigung 1989 aufgelöst wurde, fanden auch die eingelagerten 5000 Fahrräder der Marke NSU oder Panther als Schnäppchen schnell ihre Käufer.

Die Suezkrise 1956, in deren Folge in England das Benzin rationiert wurde, brachte im alten britischen Badeort Bath den Ingenieur Dr. Alex Moulton auf die Idee, sich nach der Gummifederung des Kleinwagens Morris Mini der Neukonzipierung des Fahrrads zu widmen. Seinen Wohnsitz trennte nur der Fluss Avon vom Werk der gleichnamigen Reifenfirma, welche die Gummiwerke seines Vaters übernommen hatte. Eine Fahrradfederung war den Rennfahrern natürlich suspekt, weil sie ein paar Milliwatt ihrer kostbaren Leistung verschlucken könnte. Aber mit ihr könnte man die Räder ohne Komfortverlust kleiner machen und zusammen mit einem offenen Unisex-Rahmen ein handliches Mini-Fahrrad kreieren. Gesagt getan, das Moulton-Mini war 1962 geboren und wurde zeitgleich mit dem Minirock ein großer Erfolg. Die knallhart aufgepumpten kleinen Zwanzig-Zoll-Reifen rollten ebenso gut wie die großen, und die Federung dämpfte die harte Fahrt ab. Nach einem Intermezzo bei Raleigh baute und entwickelte Moulton sein Designobjekt auf seinem stilvollen Anwesen mit ein paar Mitarbeitern weiter – tatsächlich bis zu seinem Tod im Jahr 2012. Ein völlig neuer Fahrradtyp war in der Welt – und die Branche kopierte ihn hemmungslos, allerdings mit enormen Kompromissen. Es blieben eigentlich nur die Zwanzig-Zoll-Räder, aber ohne Federung und normal aufgepumpt, ergo mit viel Rollwiderstand. Zu allem Übel gab es keine Pedalkurbeln mit entsprechend größerem Kettenblatt, weshalb die Übersetzung zu klein blieb und hektisches Pedalieren verlangte. Fichtel & Sachs lieferte bald eine Automatik-Zweigangnabe, sodass deren Direktgang als langsamer Berggang fungieren konnte und der schnelle als adäquater Normalgang. Es entstand der Zwanzig-Zoll-Klappradboom, der allen ergonomischen Anforderungen Hohn sprach und deshalb schnell wieder versiegte – nach dem guten Vorbild hat es nur noch schlechte Kopien gegeben.

Etwa zeitgleich mit Moulton in Bath entwarf der Stadtplaner Eric Claxton für Stevenage, eine Retortenstadt fünfzig Kilometer nördlich von London, einen perfekt vom

Autoverkehr entflochtenen Radverkehr. Mit 72000 Einwohnern auf 24 Quadratkilometern Fläche hat Stevenage eine größere Bevölkerungsdichte als die Londoner City, und doch gibt es im ganzen Ort keine einzige Straßen-, Fußgänger- oder Fahrradampel und kein einziges Stoppschild. Der Verkehr der ganz unterschiedlichen Teilnehmer fließt selbst in Stoßzeiten so reibungslos, dass der Eindruck entsteht, es sei überhaupt niemand unterwegs. Es gibt keine Verkehrsstaus bei Büroschluss und auch keinen Gestank, denn nichts und niemand braucht anzuhalten und wieder aus dem Stand zu beschleunigen. Einzelne Lösungen, wie Autokreisverkehr plus Radkreisverkehr auf unterschiedlichen Ebenen, wurden zwar in der Bundesrepublik kopiert, aber ein Gesamtkonzept wie in Stevenage konnte hierzulande noch nie realisiert werden. Hier galt immer noch folgende Straßenbaurichtlinie von 1956 mit ihrer ganz unfreundlichen Sichtweise:

> *Mopeds, Radfahrer und Fußgänger auf der Fahrbahn oder auf dem Seitenstreifen sind als seitliche bewegliche Hindernisse zu betrachten, die die Fahrbahnbreite und die neben der Fahrbahn vorhandene hindernisfreie Breite vermindern.*

Mittlerweile gab es in Amerika einen Wandel des Fahrrad-Images. Soldaten hatten nach dem Krieg Rennräder mit schmalen Reifen und Kettenschaltung aus Frankreich oder Belgien mitgebracht, die leichter waren als die amerikanischen Fahrräder mit ihren Ballonreifen und Rücktrittbremsnaben. Als Präsident Eisenhower 1955 eine ernste Herzattacke erlitt, propagierte sein Leibarzt Dr. Dudley White in den täglichen Krankenberichten den gesundheitlichen Nutzen des Radfahrens: »Viele von uns, Präsident Eisenhower eingeschlossen, haben herausgefunden, dass mehr Training ein besseres Gefühl verleiht.« Dies und das einsetzende Umweltbewusstsein machte das Fahrrad für Erwachsene wieder attraktiv. Selbst Schwinn baute wieder Erwachsenenräder nach Art der Rennräder – leicht, schmal bereift und mit Kettenschaltung. Die Amerikaner lernten jetzt, dass man statt aufrecht zu sitzen auch über einen Rennlenker gebeugt fahren kann – selbst bei Geschwindigkeiten, bei denen der Luftwiderstand noch keine Rolle spielt. Einzelne Verwaltungen planten den einen oder anderen Radweg, und White nutzte seine Popularität, um dies weiter zu fördern.

Die Jugendräder haben ihre Beliebtheit indessen nie eingebüßt. In Kalifornien fingen Anfang der 1960er Jahre einige Jungs an, ihre Schwinn-Ballonreifenräder zu tunen, indem sie einen abenteuerlich hochgezogenen Lenker wie ein Hirschgeweih installierten, woran sie für schnellen Zugriff eine Tasche mit Zeitungen einhängen konnten. Denn das morgendliche Zeitungsausfahren war nach wie vor ihre Taschengeldquelle Nummer eins, und es ließ sich am besten bewerkstelligen, wenn man die in Plastikfolie eingeschweißten Zeitungen während des Fahrens in die Vorgärten warf. Dazu kam ein Bananensattel mit Lehne wie beim Fahrrad-Polo, auf dem man weit nach hinten übers Hinterrad rutschen und so eindrucksvolle Tricks, die sogenannten »Wheelies«, vollführen konnte. Der »High-riser« war geboren und wurde alsbald von Schwinn als Modell »Sting-Ray« (Stachelrochen) gebaut, gleichzeitig mit dem »Huffy Dragster«. Es wurden wieder einmal Motorräder imitiert, diesmal die Chopper à la Harley-Davidson – mit viel Chrom, aber nur vorgetäuschter Vorderradfederung. Die Raleigh-Version in England hieß denn auch »Chopper«. In Deutschland wurden die High-riser neben anderen von Kynast in Quakenbrück gefertigt und nach einer Fernsehserie als »Bonanzaräder« bezeichnet. Für mindestens ein Jahrzehnt waren die High-riser bei der Jugend der globale Trend geworden.

Ende der 1960er Jahre wurden die High-riser in Kalifornien von einem neuen Tuning-Projekt abgelöst: Jugendliche ahmten die Motocross-Rennen ihrer Motorrad fahrenden Väter nach. Die High-riser bekamen nun Motorradlenker, grobstollige Reifen und oft Fußrasten beidseits an Vorder- und Hinterrad. Charakteristisch sind dicke Abdeckpolster am Oberrohr und Lenkerkopf, um vor Verletzungen zu schützen. Diesmal reagierten die Fahrradhersteller sofort mit ausreichend belastbaren BMX-Fahrrädern. BMX steht für »Bicycle Motocross«. Allein in Kalifornien gab es 1974 schon 130 000 BMX-Räder und hundert Bahnen in Wellenform. Die neuen Jugendfahrräder wurden mit der üblichen Verspätung zum weltweiten Trend und sogar zur olympischen Disziplin.

Die Ölkrise 1973 mit ihren vier verordneten autofreien Sonntagen brachte ein generelles Umdenken. Die Zeitungen riefen sie als Ölsparwandertage aus und forderten zum

Befahren der leeren Autobahnen mit dem Fahrrad auf. Diese Bilder machten deutlich: Radfahren ›geht‹ immer! Japanische Importe von Fahrradkomponenten, edel wie Pralinen verpackt, machten plötzlich in den verstaubten Schaufensterauslagen der Fahrradhändler etwas her und hoben das technische Image des Fahrrads wieder an. 1978 erschien als erster Ratgeber seit der Vorkriegszeit vom Verfasser das *rororo-Fahrradbuch*, ein Taschenbuch, das eine Auflage von 128 000 erreichte. Im Folgejahr wurde der Allgemeine Deutsche Fahrrad-Club (ADFC) von dem Logistikplaner Jan Tebbe in Bremen gegründet. Als weitere Reaktion präsentierte die deutsche Fahrradindustrie auf der Internationalen Fahrrad- und Motorrad-Ausstellung (IFMA) zu Köln ad-hoc-Prototypen des Designers Luigi Colani, um den Eindruck der Rückständigkeit zu konterkarieren. Immerhin hatte der Unternehmer Heinz Kettler schon vorher eine Neuheit vorgestellt, ein Aluminiumfahrrad mit japanischer Anmutung, das durch Schweißen statt Löten besonders rationell gebaut werden konnte. Gegen den ablehnenden Fahrradhandel konnte er es mithilfe der Kaufhof-Filialen auf dem Markt etablieren, bis die Nachfrage seitens der Kunden die Fahrradhändler schließlich umstimmte. Diese beklagten die fehlende Muffen-Ästhetik im Stile des Rennrads heftig. Bis Kettler dem Händlergeschmack endlich mit völlig überflüssigen Aluminium-Muffen entgegenkommen konnte, kam als letzter Schrei just das muffenlose Stahlrennrad von Peugeot aus Frankreich! Die Eroberung Amerikas mit seinen Aluminiumrädern musste Kettler allerdings abblasen, da Shimano die Komponenten nicht rechtzeitig liefern konnte. Sonst gälte heute Kettler auch dort statt der Firma Cannondale als *der* Aluminium-Pionier.

Mittlerweile waren die jungen Kalifornier etwas älter geworden und entdeckten Schussfahrten auf steilen Waldwegen als neue Herausforderung. Ein Teilnehmer beschrieb das so:

> *Oben können noch die meisten Kurven mit voller Geschwindigkeit genommen werden, ein prickelndes Gefühl angesichts der Tatsache, dass du etwa sechzig Meter zum Anhalten bräuchtest (außer du triffst auf einen Baum). Ein gerades Stück wie eine Rollschuhbahn liefert den nächsten Nervenkitzel, da das Bike zusehends schwerelos wird, wenn du lieber die Reifen auf dem Boden hättest. Dann in eine Senke und das Bike rutscht erst seitwärts weg, korrigiert sich aber wieder. Deine Reflexe und Aufmerksamkeit verbessern sich immens. Jeden Kiesel auf dem Weg nimmst du wahr.*

Das war mit den neumodischen Rennrad-Imitaten nicht zu bestehen, vielmehr wurden alte Schwinn-Ballonreifenräder mit 26-Zoll-Rädern aus der Vorkriegszeit für diese Zwecke umgerüstet. Ähnliche Jugendabenteuer gab es auch in England und Frankreich – das Thema lag irgendwie in der Luft.

In Kalifornien fand dieser riskante Sport in den 1970er Jahren immer breiteren Zuspruch unter der damaligen Flower-Power-Generation. Ein Hippie aus San Francisco,

Charlie Kelly, fing an, diese »Repack-Rennen« als Zeitfahren einen Waldweg hinab nahe dem Mount Tamalpais zu organisieren. Einem Journalisten erzählte er, wie es zu dieser Bezeichnung kam:

> *Wir fuhren erst auf diesen Rücktrittbremsen hinab. Dieser Hang ist so steil und man musste so oft in die Bremsen steigen, dass unten angekommen das ganze Schmierfett in der Nabe weg war, es ist verdampft. Und dann musste man nach Hause und seine Nabe wieder mit Fett befüllen [»to repack«].*

Deshalb wurde bald auf kräftige Felgenbremsen sowie Kettenschaltung umgerüstet und wieder ein Motorradlenker für aufrechtes Sitzen montiert. Wegen der kurzen Haltbarkeit dieser »Clunker«, hierzulande »Rostlauben« genannt, versiegte jedoch bald der Nachschub. Das erste Repack-Rennen fand am 21. Oktober 1976 statt, über drei Kilometer bei siebenhundert Metern Höhenunterschied. Die Zeit des Siegers betrug 5:12 Minuten, das bedeutete einen Schnitt von fast vierzig Kilometern pro Stunde. Kein Wunder, dass die Fahrer Helm, Arbeitshandschuhe und kräftige Stiefel trugen. Als die Rostlauben kaum mehr zu beschaffen waren, ließ sich Kelly von einem Mechaniker unter den Teilnehmern namens John Breeze eine verstärkte Neukonstruktion eines Clunker-Rahmens bauen. Breeze baute noch neun weitere vernickelte Rahmen für breitbereifte Räder zu je 750 Dollar und nannte sie »Breezer«. Dies waren die ersten modernen Mountainbikes (MTB), obwohl auch andere neue All-Terrain-Bikes (ATB) bauten. Später im Jahr gründeten Kelly und sein Mitbewohner Gary Fisher eine Firma namens Mountain-Bikes. Sie verkauften Räder mit handgebauten Rahmen des Mechanikers Tom Ritchey, eines weiteren Repackers. 1980 gab es schon drei solche Firmen, und eine kalifornische Firma namens Specialized Imports ließ in Japan das erste seriengefertigte Mountainbike namens »Stumpjumper« bauen. Die Firma Schwinn in Chicago reagierte schnell mit ihrem »Sidewinder«.

Der Erfolg des neuen Fahrradtyps war phänomenal und begründete einen neuen weltweiten Trend. Irgendwie fühlten sich die Amerikaner damit auch auf der Straße sicherer. Eine Zeitung schrieb 1985:

> *Ihre grobstolligen Reifen haben selten einen Platten und bleiben nie in Straßendohlen stecken. Und mit ihrem hohen Lenker gestatten sie dem Radfahrer, aufrechter zu sitzen sowie die Welt besser zu sehen – und wiederum der Welt, ihn besser zu erkennen. Obwohl diese Fahrräder für Risikobereite gebaut werden, sind sie das Richtige für eher Risikoscheue, die sich auf Rennrädern nie behaglich gefühlt haben.*

Möglich wurde dieser Innovationsschub nicht zuletzt dadurch, dass die Repacker ihre eigenen Regeln machten und sich nicht in die Obhut einer radsportlichen Vereinigung begaben. So konnte problemlos Technik von den Motorrädern übernommen werden ohne ständige Diskussionen, ob dies und das nun ein »unfairer Vorteil« sei. Dadurch waren die bisher separaten Kulturen technisch durchlässiger geworden. In der Bundesrepublik konnte etwa die Firma Magura im schwäbischen Urach, der die Auftraggeber für ihre Motorradbremsen ausgingen, weil außer BMW alle Motorradbauer in Fernost saßen, nun Scheibenbremsen für Mountainbikes herstellen. Uralte Techniken waren plötzlich verbesserbar geworden, so der hundert Jahre alte Klemmsitz des Lenkerrohrs im Gabelschaft des Vorderrads, der sich im rauhen Betrieb der Mountainbikes als unzuverlässig erwies. Also wurde ein besseres und rationeller zu fertigendes System ausgedacht, das mittlerweile auch bei anderen Fahrradtypen zum Einsatz kommt. Und wahrscheinlich hat erst das Mountainbike den Weg freigemacht, das Fahrrad wie vor 120 Jahren wieder zu motorisieren, diesmal elektrisch. Aber das ist eine Geschichte aus dem 21. Jahrhundert.

Das Fahrrad erobert Asien

Nachdem China immer noch als Fahrradland Nummer eins gilt, mag es verwundern, dass es im Vergleich zu Japan ganz spät, erst als kommunistische Volksrepublik ab 1949, diesen Ruf erwarb. Das mag vordergründig an den bereits vorhandenen Transportmöglichkeiten mittels Menschenkraft gelegen haben. In China und Japan gab es seit 1874 die Rikschas auf zwei nebeneinander montierten Holzrädern, die an die Sulkys der Trabrennen erinnerten, nur eben von Menschen statt von Pferden gezogen. Später verkehrten sie auch in Form von pedalierten Dreirädern. In China waren zudem die landestypischen Schubkarren mit dem Rad unter dem Schwerpunkt seit Jahrtausenden unterwegs, zuerst für die Ausrüstung der Soldaten, dann für bis zu sieben Passagiere und Lasten bis in jüngste Zeiten – quasi ein Gruppen-Taxi für die Unterschicht. Da menschliche Zugkraft billig war, schien ein anderer Individualverkehr nicht eben dringlich.

In den Kolonien und in Japan tauchten erste Pariser Kurbelvelozipede zwar schon Ende der 1860er Jahre auf, aber eine eigene Herstellung von Niederrädern mit Pneus nach britischen Vorbildern gab es in Japan erst seit 1892. Die lokalen Hersteller lernten schnell, denn 1904 gab es schon Fahrräder, die an die kleinere Körpergröße der Japaner angepasst waren. Ab 1907 überstieg die japanische Produktion dann die westlichen Importe. Hinzu kamen japanische Zweigwerke der britischen Premier- und Dunlop-Werke. Auch die japanische Armee platzierte große Aufträge. Und wer sich das neue Statussymbol nicht leisten konnte, vermochte in den größeren Städten auf Import-Leihfahrrädern zu fahren. Es bildeten sich sogar Fahrradclubs wie im Westen. Die neue Branche bot die Möglichkeit, sich selbständig zu machen und dadurch gesellschaftlich aufzusteigen. So gründete ein Sohn armer Bauern namens Shozaburo Shimano, der als Fünfzehnjähriger eine Messerschmiede aufgemacht hatte, 1921 mit einer geliehenen Drehbank auf vierzig Quadratmetern die Shimano Eisenwerke in Sakai. Sein einziges Produkt war ein Freilauf-Ritzel für Fahrräder. In der Nachkriegszeit wuchs die Firma dank ihres Kaltschmiede-Know-hows für Leichtmetall von vierhundert Mitarbeitern zu einem Weltkonzern für Fahrrad-Schaltungen und Angelrollen mit heute 12 440 Mitarbeitern. Zwischen 1925 und Kriegsbeginn 1938 war Japan zum unbestrittenen Zentrum der Fahrradproduktion in Asien mit Exporten in Länder wie China und Indien geworden. In der Nachkriegszeit riss das Land neben dem Kameramarkt auch den Fahrradteilemarkt komplett an sich und damit von der Bundesrepublik ab. Die Keirin-Bahnrennen wurden 1948 ins Leben gerufen, verknüpft mit einem staatlichen Wettsystem, das den Wiederaufbau des Landes mitfinanzieren sollte. Einen Anteil erhielt die Fahrradindustrie, die damit ein Fahrradtechnik-Zentrum in Inuyama, ein Fahrradkultur-Zentrum in Tokio und eine Kette von Fahrrad-Hotels mit Werkstätten in Hundertkilometerabständen einrichtete.

Ganz anders verhielt es sich mit China. Die ersten Weltumradler berichteten von lebensgefährlichen Situationen mit fremdenfeindlichen Chinesen, welche die westlichen Mächte und deren Kulturimporte ablehnten. Lediglich in den Traktatshäfen des chinesischen Kaiserreichs mit westlichem Einwohneranteil konnten chinesische Radfahrer seit 1890 den westlichen Stil imitieren und sich als Statusgewinn gutschreiben. Dass es auch anders ging, zeigten chinesische Schmiede als Leiharbeiter in Singapur, die angeblich schon um 1880 mit Hochrädern zur Arbeit in einer Werft gefahren sein sollen. Im Hinterland war aber für die Mittelschicht der Erwerb der überteuerten Importräder nicht möglich und eben auch nicht opportun. Ob die Zurückhaltung der Frauen, anders als in Japan, die Akzeptanz behinderte, ist kaum zu entscheiden. Denn die Mehrzahl, außer den Arbeiterinnen, hatte noch »Lotusfüße«, die damals üblichen eingebundenen Füße, mit denen sich schlecht treten ließ. Aber im Traktathafen Shanghai gab es Hinweise, dass die Sing-Song-Girls, Prostituierte, die genug Geld hatten und ohnehin gesellschaftlich geächtet waren, öffentlich auf Niederrädern fuhren. Die Sorge, sich zu blamieren und somit einen Gesichtsverlust zu erleiden, scheint die Männer weithin davon abgehalten zu haben, ein Fahrrad zu besteigen. Es war eigentlich schon nicht schicklich, zu Fuß zu gehen. Wer es sich leisten konnte, ließ sich in einer Sänfte tragen oder nahm eine Rikscha. Noch 1926 räumte ein Universitätsprofessor ein, dass er aus Sparsamkeit zu Fuß gehe, aber am Anfang und vor dem Ziel eine Rikscha nehme, um standesgemäß aufzutreten. Ende der 1930er Jahre gab es in den Städten immerhin große Gebrauchträder-Märkte. Ein japanischer Unternehmer begründete die chinesische Fahrradindustrie zwischen 1936 und 1938 mit drei Fabriken in Shanghai, Tianjin und Shenyang. In der Volksrepublik China wurden diese Fabriken ab 1949 verstaatlicht und planwirtschaftlich gesteuert. Das Produktionsziel von einer Million Standardfahrrädern namens »Fliegende Taube« wurde 1958 erreicht. Erst in den 1990er Jahren konnte dann Deng Xiaoping Reichtum definieren als »eine Fliegende Taube in jedem Haushalt«. Mit über fünfhundert Millionen Exemplaren ist diese das meistgebaute Fahrzeug der Welt.

Ausgewählte Literatur

Die International Cycling-History Conference (ICHC) betreibt seit 1990 die überfällige Revision der Fahrradgeschichte durch neue Quellenforschung in ihren Konferenzberichten *Cycle History* #4-(1994-) http://www.ichc.biz/proceedings.php

Bauer, Carl Johann Siegmund: *Beschreibung der v. Drais'schen Fahr-Maschine und einiger daran versuchter Verbesserungen*. Nürnberg: Steinische Buchhandlung 1817 (Reprint Hans-Erhard Lessing (Hrsg.), Frankfurt: Westhafen 2016).

Bertz, Eduard: *Philosophie des Fahrrads*. Dresden: Reissner 1900 (Reprint Wulfhard Stahl (Hrsg.), Hildesheim: Olms 2012).

Bleckmann, Dörte: *Wehe wenn sie losgelassen! Über die Anfänge des Frauenradfahrens in Deutschland*. Leipzig: Maxime-Verlag 1998.

Bollschweiler, Michael – Mertins, Michael – Renda, Gerhard (Hrsg.): *Rückenwind. Ein Streifzug durch die Fahrradgeschichte* (Historisches Museum Bielefeld Schriften 27). Bielefeld: BVA 2011.

Clayton, Nicholas: *The Birth of the Bicycle*. Stroud: Amberley 2016.

Dauncey, Hugh: *French Cycling. A social and cultural history*. Liverpool: Liverpool University Press 2012.

Ebert, Anne-Katrin: *Radelnde Nationen. Die Geschichte des Fahrrads in Deutschland und den Niederlanden bis 1940*. Frankfurt: Campus 2010.

Epperson, Bruce D.: *Peddling Bicycles to America. The Rise of an Industry*. Jefferson: McFarland 2010.

Guroff, Margaret: *The Mechanical Horse. How the Bicycle Reshaped American Life*. Austin: University of Texas Press 2016.

Herlihy, David: *Bicycle. The History*. New Haven: Yale University Press 2004.

Hochmuth, Andreas: *Kommt Zeit, kommt Rad. Eine Kulturgeschichte des Radfahrens*. Wien: ÖBV 1991.

Klose, Alexander: *Rasende Flaneure – eine Wahrnehmungsgeschichte des Fahrradfahrens*. Münster: Lit-Verlag 2003

Lessing, Hans-Erhard: *Wie Karl Drais das Fahrrad erfand*. Karlsruhe: Lauinger-Verlag 2017.

Lessing, Hans-Erhard: *Automobilität. Karl Drais und die unglaublichen Anfänge*. Leipzig: Maxime-Verlag 2003.

Lessing, Hans-Erhard (Hrsg.): *Ich fahr' so gerne Rad. Geschichten vom Glück auf zwei Rädern*. München: dtv ^{4}2017.

Lessing, Hans-Erhard und Hadland, Tony: *Evolution des Fahrrads*. Heidelberg: Springer 2021.

Maierhoff, Gudrun und Schröder, Katinka: *Sie radeln wie ein Mann, Madame. Als die Frauen das Rad eroberten*. Dortmund: Edition Ebersbach ^{2}1993.

Möser, Kurt: *Fahren und Fliegen in Krieg und Frieden*. (Technik + Arbeit 13, Schriften des Technoseum) Ubstadt-Weiher: Verlag Regionalkultur 2009.

Norcliffe, Glen: *Critical Geographies of Cycling. History, Political Economy and Culture*. Burlington: Ashgate 2015.

Rabenstein, Rüdiger: *Radsport und Gesellschaft*. Hildesheim: Weidmann ^{2}1995.

Schenkel, Elmar: Cyclomanie. *Das Fahrrad und die Literatur*. Freiburg: Isele 2008.

Smith, Robert A.: *A Social History of the Bicycle*. New York: American Heritage Press 1972.

Die bekannten Prioritätsfälschungen

Im Wirtschaftskrieg zwischen den Zweirad-Nationen vor 1914 war die Neigung groß, nationale Prioritäten zu behaupten. Die International Conference of Cycling History (ICHC) hatte daher in den Anfangsjahren viel aufzuarbeiten und Fakten aufzuklären. Hierzu aus dem Buch des Verfassers: Wie Karl Drais das Fahrrad erfand (Karlsruhe: Lauinger-Verlag 2017) folgende Übersicht.

»*1492 Leonardo-Fahrrad*« – auf einer aufgeklebten Rückseite des Blattes 133 des Codex Atlanticus während Restaurierung 1972 vorgefunden, aber beim Durchleuchten 1961 entdeckte man allein zwei unverbundene Kreise (H. E. Lessing 1998).

»*1642 Fahrrad-Kirchenfenster*« in Stoke Poges westlich von London. Tatsächlich ein Messrad mit Abstellsporn, abskizziert als zweites Rad (L. Bowerman 1988).

»*1761 Laufmaschine von Michael Kassler*« – nicht belegbar, wohl ein Laufmaschinen-Nachbau mit Lenkanzeige des Mechanikus Hoffmann aus Leipzig 1817 (H. E. Lessing 2010).

»*1791 starres Zweirad Comte de Sivrac's*« – nicht balancierbar, weil unlenkbar; verwechselt mit Eilkutsche (Celerifer) eines Jacques Sievrac (!), privilegiert 1817 (J. Seray 1976).

»*1801 russisches Hochrad des Schmieds Artamanoff*« – tatsächlich Kurbelveloziped der 1870er (R. Street 1992).

»*1817 Niecephore Nièpce Erfinder des Zweirads*« – tatsächlich 1818 nur Käufer eines französischen Nachbaus (D. Roberts 1962).

»*1839 Kirkpatrick MacMillan oder Gavin Dalzell Hinterrad-Antrieb*« – von schottischem Verwandtem vordatiertes McCall-Veloziped von 1869 (A. Dodds 1999).

»*1852 Kurbelveloziped von Fischer*« – tatsächlich 1869, vom Magistrat Schweinfurts vordatiert (H. E. Lessing 1991).

»*1869 Meyer-Guilmet-Veloziped mit Kettenantrieb*« – wurde passend zur Exposition Rétro du Cycle 1906 entdeckt, ist elektrogeschweisst und kann daher frühestens 1892 hergestellt worden sein (K. Kobayashi 1993).

Bildnachweis

Abb. 1: akg-images / (Imagno)
Abb. 2: Lessing / Ektachrome; gegenüber: Joachim Lessing †
Abb. 3: Klassik Stiftung Weimar, Bestand Museen
Abb. 4: Reiss-Engelhorn-Museen Mannheim
Abb. 5: Velorama Nijmegen
Abb. 6: Foto Jan Kralik
Abb. 7–10: From the Cycling Photographica Collection of Lorne Shields, Toronto Canada
Abb. 11: akg-images
Abb. 12–14: Archiv Lessing
Abb. 15: Ellen Wilson
Abb. 16: Wolfgang Siol

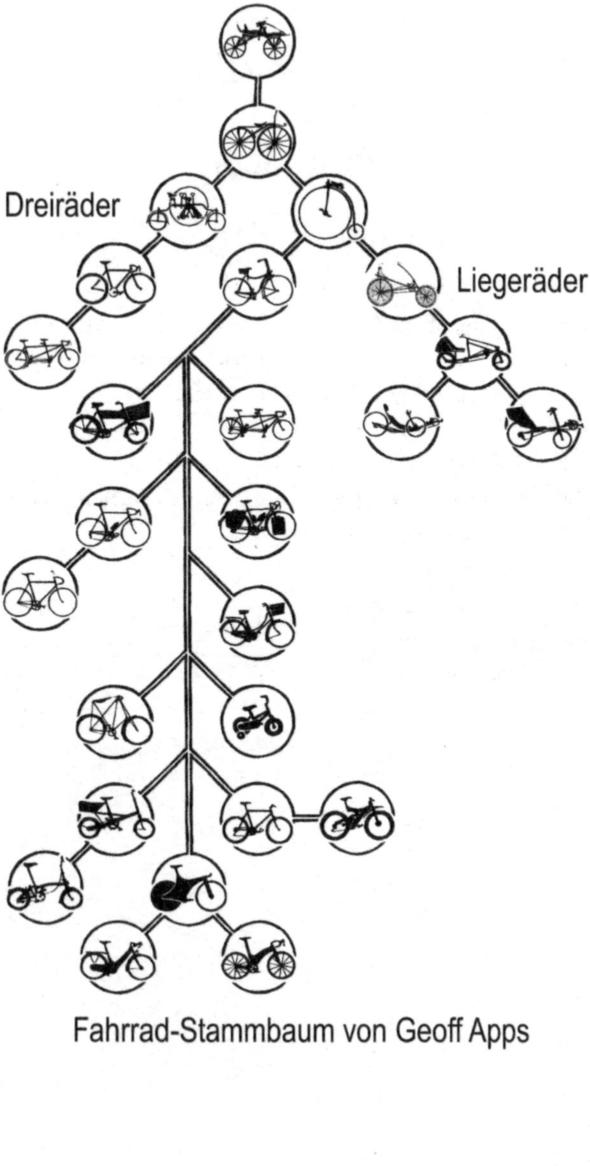

Fahrrad-Stammbaum von Geoff Apps